JN093563

図解入門
How-nual
Visual Guide Book

よくわかる 最 新

次世代電池の基本と仕組み

再生可能エネルギー拡大の切り札

齋藤 勝裕・小宮 紳一　著

秀和システム

はじめに

　現代社会は電池なしには成り立ちません。電力を利用するのに、コンセントに電線を接続しなければならなかったらどうなるでしょう？　電線でつながったスマートフォンなどマンガにもなりません。

　電池には一次電池と二次電池があります。一次電池は乾電池のように、起電力がなくなったら廃棄されます。それに対して二次電池は充電して繰り返し使うことができます。ということは内部に電力を貯めることができる、つまり蓄電池の作用があるということです。

　電力は優れたエネルギーですが、大きな欠点があります。それは電力を電力のまま貯蔵できないということです。電力を貯蔵するには、それを位置エネルギーや熱エネルギーに変換しなければなりません。

　これからの社会は電気エネルギーを化石燃料に頼るわけにはいきません。太陽光発電や風力発電などの再生可能エネルギーを取り入れる必要があります。しかし、これらの発電システムはその生産量がお天気まかせです。これでは安定的な電力供給はできません。大規模な蓄電システムが必要になります。つまり、これからの電池は電力使用だけでなく、電力貯蔵のことも考えなければならないのです。

　現代の最高能力の二次電池はリチウムイオン二次電池です。しかしこの電池にも欠点があります。それは爆発・発火・火災の危険性です。このような電池に社会の基盤エネルギーをまかせておくことはできません。ということで電池開発者、電池業界は絶対安全な電池として全固体電池の開発に全力をあげています。しかし、それだけでは足りません。従来の電池を改良しようという努力、さらにはまったく新しいコンセプトの電池を開発しようとの努力も休むことなく行われています。

　本書は、そのような努力から生まれた、次世代を担う電池をご紹介しようという意図から企画されました。本書を読まれた方々が電池に興味をもたれ、将来電池関係のお仕事に就かれる方が生まれたら、大変にうれしいことと思います。

2024年5月　齋藤勝裕

よくわかる
最新次世代電池の基本と仕組み
CONTENTS

第8章 次世代型太陽電池

Special Interview

第9章 その他の次世代電池

第 **1** 章

化学電池の
原理と仕組み

電流は電子の流れです。現代の電池の多くは化学電池であり、化学電池は化学反応によって電流を作ります。化学反応を支配する電子がどのようにして電流になるのでしょうか? その基本の仕組みを見てみましょう。

1-1

電流は電子の流れ

原子、分子を作る電子の働きによって起こる化学反応を用いて電気を作るのが化学電池です。まずこの原理から解説しましょう。

電池は電気を作る器械、装置です。火力発電のように熱による発電、風を用いた風力発電、原子力を用いる原子力発電、太陽光を用いる太陽電池などのように、電気の作り方はいろいろありますが、化学反応を用いて電気を作る電池を特に化学電池といいます。現在用いられている電池の大部分は化学電池です。

化学反応は原子、分子を作る電子の働きによって起こる変化です。化学反応を起こす電子の働きがなぜ電気を起こすことにつながるのでしょうか？

▶▶ 電流と電子

川のように水の流れである水流は目で見ることができます。しかし、電気の流れといわれる電流を目で見ることはできません。スイッチオンして電気が流れているときも、スイッチオフで流れていないときも、電流が通る電線に見た目の変化はありません。しかしスイッチオンすれば電球が明るく灯り、電流は確実に流れていることがわかります。

不思議といえば不思議ですが、実は不思議でもなんでもありません。電流は実は、電子の流れなのです。電子は素粒子の一種であり、それが波か粒子かについては面倒な話がありますが、電気の話をするときに電子の正体の話は必要ありません。

電子という目に見えない極小の粒子である電子がA地点からB地点に移動した（流れた）とき、電流はBからAに流れた、と表現する約束になっているのです。電子の移動方向と電流の流動方向を逆にするのは電子の電荷がマイナスだからだという説もあります、この約束が決まったのは昔のことで、現在ではその根拠は不明だといいます。

化学反応が電子の働きによるものであり、電流が電子の流れであるとすれば、電流、電気現象が化学現象の一種だということも理解できるのではないでしょうか？

　電線はもとより、塩水、果物、肉など、電流は多くの物体を通過しますが、通過しやすいものと通貨しにくいものがあります。電流の通過しやすさを表す指標に伝導度があります。伝導度の高いものは良導体と呼ばれ、代表は金属です。反対に低いものは絶縁体であり、代表はガラスや陶磁器です。

　なぜ金属は伝導度が高いのでしょうか？　それは金属を作る化学結合が金属結合だからです。金属結合では、金属原子の束縛から離れた電子、自由電子が存在します。これが移動することによって電流となるのです。

身のまわりにあるさまざまな化学電池

▼乾電池

▼リチウムイオン二次電池

▼太陽電池

▼蓄電池

自由電子の移動

低温

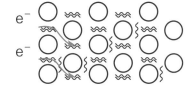

高温

▶▶ 超伝導

金属の中では自由電子は巨大な金属イオンの間を擦り抜けるように移動します。金属イオンがジッとしていれば電子は通りやすいのですが、動かれると困ります。金属イオンの運動（熱振動）は絶対温度に比例します。そのため、金属の伝導度は低温になるほど大きくなります。

つまり、電気抵抗は温度が低くなるほど小さくなります。そして臨界温度T_c以下の極低温（絶対温度数K：ケルビン）では0になります。つまり電子はなんの抵抗もなく、金属中を移動できるのです。これが超伝導状態です。

超伝導状態ではコイルに大電流を流しても発熱しません。そのため、超強力な電磁石を作ることができます。これが超伝導磁石です。超伝導磁石はリニア新幹線で車体を磁石の反発力で浮かせるために使われています。つまり、化学技術はこのようなところにも使われているのです。しかし、超伝導現象を起こすためには液体ヘリウムを用いた極低温が必要です。そのため、液体ヘリウムを用いない超伝導、高温超伝導が模索されています。電気は化学なのです。

超伝導状態

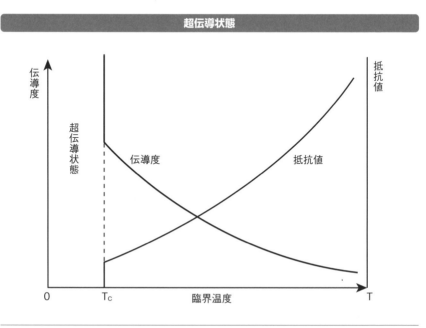

1-2

酸化・還元とは

化学反応には多くの種類がありますが、酸化・還元反応はそのなかでもっとも基本的であり、同時に重要な反応です。

私たち生体も酸化・還元反応によって生命を維持していますし、本書でこれから見ていく電池の反応、つまり電子の移動、反応も酸化・還元反応がもとになっています。では酸化・還元と電子の移動はどのように関係しているのでしょうか？

▶▶ 酸化する・される

酸化・還元反応は単純でわかりやすい反応です。ところが、言葉で考えようとするとややこしくなります。その原因の1つは日本語にあります。

A：「包丁が酸化した」　　B：「酸素が包丁を酸化した」

両方とも日常で使う言い回しです。そして同じこと、つまり「包丁が錆びた」ことをいっています。しかしなにか変ではありませんか？

酸化する・される

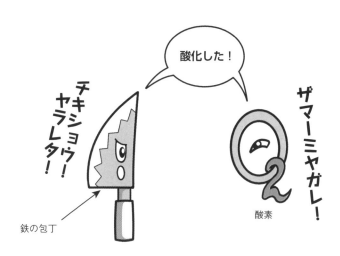

酸化した！

チキショウ！ヤラレタ！

ザマーミャガレ！

鉄の包丁

酸素

　Aでは "酸化する" という動詞は自動詞として使われています。要するに包丁が自分で勝手に酸化して錆びたのです。それに対してBの "酸化する" は他動詞として使われています。つまり、包丁が「何者」かによって酸化されて（殺されて）いるのです。

　この例では、（私たち傍観者は）"包丁" と "酸素" がどのようなものか知っていますから、どちらの言い方でも意味は通じます。しかしなにも知らない傍観者の前ではどうでしょうか？

　「Aが酸化した」。Aは自分で勝手に酸化して自分自身が錆びたのでしょうか（自動詞）？　それともAがなにかを酸化して錆びさせたのでしょうか（他動詞）？つまり、「酸化した」という動詞が自動詞として使われているのか、それとも他動詞として使われているのかによって、同じ「Aが酸化した」という文章の意味がまるで違っているのです。ところが、「Aが酸化した」という文章だけでは、「酸化した」がどちらの用法で使われているのかまったく不明です。これでは科学的な思考はできません。

　そこで、本書では「酸化する」という動詞をもっぱら他動詞としてのみ用いることにします。すると上のAは「包丁が酸化されて錆びた」と受動態として表現されることになります。

▶▶ 酸化・還元反応と電子

　酸化・還元反応というと反射的に酸素が関係した反応を思いだすのではないでしょうか？　もちろんそれは間違いではありません。しかし、酸化・還元反応はそれだけではありません。電池の中で起こる反応も酸化・還元反応です。酸素の関係する反応は多くの種類がある酸化・還元反応のうちのほんの一部にすぎません。それどころか、ほとんどの化学反応は酸化反応か還元反応かのどちらかに分類することができるのです。

　研究してみると、酸化・還元反応の本質は電子との反応であることがわかります。反応の主体になる物質が「電子を放出するか？」、それとも「電子を受け取るか？」、これによって酸化・還元が決まるのです。このように、酸化・還元反応は「電子の移動で考えれば」単純な反応にすぎないのです。

1-3

金属の溶解と電子移動

金属の溶解では、溶液中に放出された金属原子は陽イオンとなります。このとき放出された電子を電線を通じて外界に流れださせる装置が電池なのです。

原子はプラスの電荷を帯びた原子核とマイナスの電荷を帯びた電子 e^- からできています。原子核は＋１の電荷を帯びた陽子 z 個からできています。一方、１個の原子は z 個の電子をもっており、１個の電子はそれぞれ－１の電荷を帯びています。つまり、原子核の電荷は $+z$ であり、原子を構成する全電子の電荷は $-z$ なのです。このため、原子はプラスの電荷とマイナスの電荷が釣り合って電気的に中性となっています。

この原子から電子が離脱すれば残りの原子は原子核のプラス電荷が過剰になって、プラスに荷電します。このような原子を陽イオンといいます。反対に中性の原子に電子が付加すれば原子はマイナスに荷電します。これを陰イオンといいます。電池が電気を起こすのはこれらのイオンの働きによります。

電気を起こす仕組み

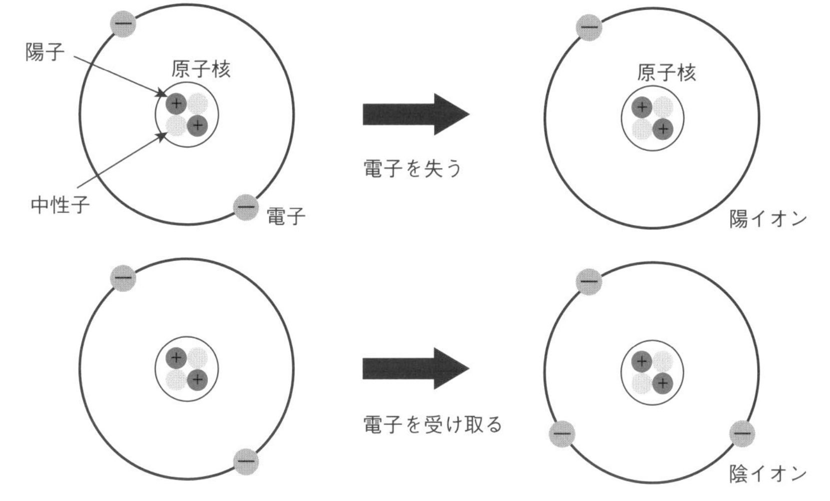

- 陽子
- 原子核
- 中性子　電子
- 電子を失う
- 原子核
- 陽イオン

- 電子を受け取る
- 陰イオン

▶▶ 金属の溶解

　一般に金属は酸性の水溶液に溶けます。そして溶けるときに電子を溶液中に放出して、金属原子は陽イオンとなります。このとき放出された電子を電線を通じて外界に流れださせる装置、それが電池なのです。そして流れでた電子が電流であり、この一連の動きが電池の基本原理なのです。

　硫酸 H_2SO_4 の水溶液、希硫酸に金属亜鉛 Zn の板を入れます。すると発熱が起こり、亜鉛板の表面から泡がでます。そして時間が経つと、亜鉛板は徐々に溶けて薄く、小さくなっていきます。この泡に入っている気体には色も匂いもありませんが、気体を集めて火をつけると、ポンと音をだして燃えることから、泡の気体は水素ガス H_2 であることがわかります。これはどのような現象なのでしょうか？　分解して見てみましょう。

1. これは亜鉛 Zn が電子 e^- を放出して、亜鉛イオン Zn^{2+} となって希硫酸中に溶けだしたことによる現象なのです（式1）。
2. 希硫酸は酸ですから、溶液中には水素イオン H^+ が存在します（式2）。
3. 次に Zn から放出された e^- は H^+ と反応して水素原子 H となります（式3）。
4. 最後に、2個の水素原子 H が結合して水素分子 H_2 となって泡となったというわけです（式4）。

　この一連の反応をまとめたものが式5です。つまり Zn と2個の H^+ が反応して Zn^{2+} と H_2 になったという、あっけないほど簡単なものです。重要なことはこの反応で Zn が電子を失って Zn^{2+} になった、すなわち「酸化され」て陽イオンになったということです。一方、H^+ は電子を受け取って「還元され」ています。つまり、金属の溶解は酸化・還元反応の一種なのです。

▶▶ 溶解のエネルギー

　それでは、この現象にともなう発熱（ΔE：出入したエネルギーを表す記号）はなぜ起こったのでしょうか？　それはこれまた驚くほど簡単なものです。発熱が起こったということは、この反応が発熱反応だということであり、それは生成系が出発系より低エネルギーだということにすぎません。

この反応を表す反応式は式5です。そこで出発系というのは（Zn＋2H⁺）です。
そして生成系は（Zn²⁺＋H₂）です。この両系のエネルギー差⊿Eが熱として放出さ
れたのです。

金属亜鉛の溶解

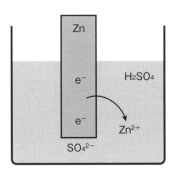

$$Zn \longrightarrow Zn^{2+} + 2e^- \quad (1) \; Zn \text{ が酸化された}$$

$$H_2SO_4 \longrightarrow 2H^+ + SO_4^{2-} \quad (2)$$

$$H^+ + e^- \longrightarrow H \quad (3) \; H \text{ が還元された}$$

$$2H \longrightarrow H_2 \quad (4)$$

$$\overline{Zn + 2H^+ \longrightarrow Zn^{2+} + H_2} \quad (5)$$

溶解のエネルギー

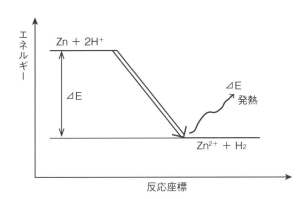

1-4

金属の溶解とエネルギー：
イオン化傾向

金属は電子を放出して陽イオンになる性質があります。しかし、その性質は金属によって強弱があります。つまり陽イオンになりやすい金属となりにくい金属があるのです。陽イオンになる傾向を表す指標をイオン化傾向といいます。

▶▶ 金属の溶解と析出

青い硫酸銅 $CuSO_4$ の水溶液に亜鉛板 Zn を入れます。すると亜鉛は発熱して溶けだしますが、泡はでません。その代わり、亜鉛板の表面が赤くなってきます。そして時間とともに硫酸銅水溶液の青い色が薄くなってゆきます。

なにが起こったのでしょう？ Zn が溶けたということは前節で見たように亜鉛板 Zn が電子 e^- を放出して亜鉛イオン Zn^{2+} と電子 e^- になったことを意味します。しかし泡はでないので、Zn が放出した e^- を H^+ が受け取ったわけではないことがわかります。第一、硫酸銅は酸ではないので、その水溶液中にはそんなに多量の H^+ が存在するはずもありません。

それではなにが電子 e^- を受け取ったのでしょうか？ 硫酸銅水溶液中には銅イオン Cu^{2+} が存在します。溶液の青色はこの銅イオンの色なのです。つまり、Cu^{2+} が e^- を受け取り、その結果還元されて金属銅 Cu になって析出されたのです。亜鉛についた赤色は金属銅 Cu の色だったのです。

▶▶ イオン化傾向

上の反応では Zn はイオン化されて Zn^{2+} になりました。しかし Cu^{2+} は反対に還元されて Cu になりました。これは Zn と Cu を比べると、Zn のほうがイオンになる性質、傾向が強いことを示しています。このように、金属が陽イオンになる性質をイオン化傾向といいます。

　このような実験をいろいろな金属板と、金属硫酸塩を用いて行うと、金属の間のイオン化傾向の大小を知ることができます。上の実験からは亜鉛Znのほうが銅Cuよりイオン化傾向が大きいことがわかります。

　図のように、金属をイオン化傾向の順に並べたものをイオン化列といいます。左側にあるものほどイオン化しやすいことを表します。溶けにくい金属である金Auのイオン化傾向が最低になっています。水素Hは金属ではありませんが、標準として入れてあります。

　イオン化傾向は溶液の濃度によって変化するので、イオン化列は絶対のものではありませんが、有用であることは確かです。特に電池の反応を考えるときには欠かせないといってよいでしょう。

金属の溶解と析出

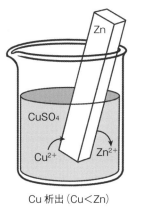

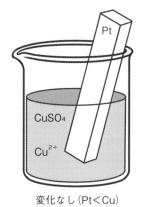

Cu 析出（Cu＜Zn）　　　　　変化なし（Pt＜Cu）

$Cu^{2+} + Zn \longrightarrow Cu + Zn^{2+}$

イオン化列

K＞Ca＞Na＞Mg＞Al＞Zn＞Fe＞Ni＞Sn＞Pb＞H＞Cu＞Hg＞Ag＞Pt＞Au

大　　　　　　　　　　　　　　　　　　　　　　　　　小

イオン化傾向　　　基準

イオンになりやすい　　　　　　　　　　イオンになりにくい

1-5

最初の化学電池（ボルタ電池）の原理と仕組み

人類初の化学電池は1800年、イタリアのアレッサンドロ・ボルタによって発明されました。この電池がボルタ電池です。

世界で初めて電池を作ったのはイタリアの物理者アレッサンドロ・ボルタでした。1800年に彼が発明した電池は、彼の名前を取ってボルタ電池と呼ばれます。発電がすぐに止まってしまうので実用性は低いですが、非常に原理的な電池です。

世界で始めて電池を作ったアレッサンドロ・ボルタ（出典：Wikipedia）

▶▶ ボルタ電池の構造と反応

ボルタ電池の構造は単純です。硫酸 H_2SO_4 水溶液に亜鉛 Zn と銅 Cu の板を入れ、両者を導線で結んだものです。反応が始まると Zn が溶けだし、同時に Cu から水素の泡が発生します。導線の途中にモーターを接続すればモーターは回りだします。

ボルタ電池で起こった化学反応は次のようなものです。

① Zn が e^- を放出して Zn^{2+} として溶けだす（反応式1。※図はP22）。
② Zn 板に残った e^- は導線を通って Cu に移動する。
③ Cu に達した e^- は溶液中の水素イオン H^+ に移動する。
④ e^- を受け取った H^+ は水素原子 H となり、2個結合して水素分子 H_2 となる（反応式2）。
⑤ 反応式1と2を合体すると反応式3となる。

以上がボルタ電池の反応と原理です。

先に見たように電流は電子の流れです。つまり、次のページの図にあるように、電子がZnからCuに移動したのがまさしく電流なのです。しかし、電流の定義によって電流はCuからZnに流れたものと表現されます。このとき、電子e^-を発生したZnを負極、e^-を受け取ったCuを正極といいます。

▶▶ ボルタ電池の応用

ボルタ電池の原理は、H^+を含む酸性水溶液に2種類の金属を挿入したものです。大切なのは2種類の金属はたがいにイオン化傾向が異なっているということです。そうすると、イオン化傾向の大きいほうがイオン化し、その結果生じた電子がイオン化傾向の小さい金属に移動して電流となるのです。2種の金属はイオン化傾向の差の大きいものを用いたほうが有利です。

H^+を含む溶液は希硫酸でなくても、電子を通すもの（一般に電解質といいます）ならレモンの果汁でもOKです。2種類の金属は、身のまわりにあるものならアルミニウム箔Alと銅の針金でOKです。つまり、レモンにアルミ箔を巻いたものと銅針金を挿して、両者を導線で結べば電池が完成です。小型モーターだったら回るでしょう。夏休みの子供実験室でよくやるデモンストレーションです。

▶▶ ボルタ電池の欠点

ところで、Cu極に達した電子は溶液中に流れだそうとしますが、このとき、溶液中で電子を受け取ることのできる陽イオンは2種類存在します。Znから発生したZn^{2+}と、硫酸から発生した水素イオンH^+です。

ボルタ電池の構造

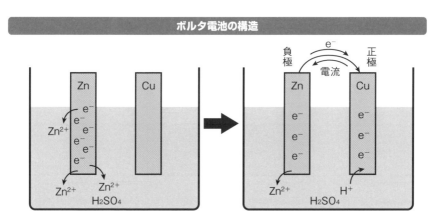

　イオン化傾向を比較するとZnのほうがHより大きいです。ということはZnのほうがHよりイオンのままでいる傾向が大きいことになります。したがってボルタ電池でCu極から電子を受け取って中性原子になるのは水素です。この結果、Cu極からは水素H_2の気体が泡となって発生します。

　以上の結果を式にまとめました。このような反応を電極反応といいます。

▶▶ 分極

　ボルタ電池が実用性をもたないのは、Cu極に水素ガスH_2が発生することに原因があります。このH_2が電極上でイオン化するのです。すなわちHがH^+になるのです。この結果電子e^-が発生しますが、それはCu極上に残ります。すなわち、Zn極からきた電子e^-を受け入れるべきCu極上にすでに水素からきた電子e^-が存在することになるのです。これでは電子の流れを損なうことになります。このような現象を分極といいます。

　分極が起こらないように工夫した電池が次節で見るダニエル電池です。

電極反応

負極　　$Zn \longrightarrow Zn^{2+} + 2e^-$　　　　(1)

正極　　$2H^+ + 2e^- \longrightarrow H_2$　　　　　　(2)

　　　　$(-)\,Zn\,\{H_2SO_4\}\,Cu\,(+)$　　　1.1V

　　　　$Zn + 2H^+ \longrightarrow Zn^{2+} + H_2$　(3)

分極　　$H_2 \longrightarrow 2H^+ + 2e^-$

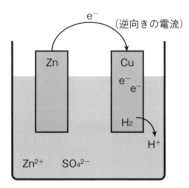

1-6

改良された化学電池（ダニエル電池）の原理と仕組み

イタリアのジョン・フレデリック・ダニエルは、ボルタ電池を改良してダニエル電池を発明しました。反応槽を2つに分け、それを塩橋で結んだのが画期的でした。

1836年、イタリアの化学者ジョン・フレデリック・ダニエルは分極で実用性の乏しいボルタ電池を改良し、分極の起こらない電池を発明しました。この電池をダニエル電池といいます。カギは反応槽を2つに分け、それを塩橋で結んだことでした。塩橋は、溶液は通さないがイオンは通すというもので、現代の全固体電池における固体電解質の先駆けのようなものです。

▶▶ ダニエル電池の構造

P.25の図はダニエル電池の構造です。電解液を満たした反応槽が2つあります。左側の反応槽には硫酸亜鉛$ZnSO_4$水溶液に浸したZn極がセットしてあり、右側の反応槽には硫酸銅$CuSO_4$水溶液に浸したCu極がセットしてあります。両槽は塩橋で結んでありますが、塩橋には塩化カリウムKCl水溶液で固めた寒天などが入れてあります。塩橋は、溶液は通しませんが、溶液中のイオンは通します。

ダニエル電池

▼ジョン・フレデリック・ダニエル

ジョン・フレデリック・ダニエルが発明したダニエル電池
（出典：Wikipedia）

　ボルタ電池と同様、Zn極で発生した電子は導線を通ってCu極に達します。しかし、ここで待っている陽イオンはボルタ電池の場合と異なり、Cu^{2+}とH^+です。両者を比較すればCu^{2+}のほうがイオン化傾向が小さく、電子を受け入れて中性原子になる傾向が強いです。したがってCu^{2+}が電子を受け入れてCuになります。つまり、イオン化傾向の大きいH^+のほうは電子を受け取らず、そのままなので、水素分子は発生せず、分極は起こらないことになります。

　しかし、反応が進むと、左側の反応槽ではZn^{2+}が増えたぶんだけSO_4^{2+}が足りなくなり、反対に右側の反応槽ではCu^{2+}が少なくなり、そのぶんSO_4^{2-}が多くなります。このバランスを戻すため、SO_4^{2-}イオンが塩橋を通って右から左に移動するのです。

▶▶ 半電池

　電池において、両極間に電流が流れないようにして測定した電位差を起電力といいます。ボルタ電池やダニエル電池では1.1Vです。これは電池の両極、つまりZn極とCu極の組み合わせだけで決まる値であり、ボルタ電池、ダニエル電池などのような電池の「構造」には関係しません。

　ダニエル電池は左右2つに分けて考えることができます。このとき、それぞれを完全な電池の半分と考えて半電池と呼びます。ダニエル電池の起電力は両方の半電池を合わせて1.1Vというわけです。それでは、それぞれの半電池の起電力はいくつなのでしょう。

▶▶ 標準水素電極

　このような疑問に答えるためには、適当な標準的な半電池を作り、この半電池とそれぞれの半電池の間の起電力を測定する以外ありません。このような半電池を一般的に標準電極といいます。標準電極には水素のイオン化を用いた標準水素電極がよく用いられます。ボルタ電池で分極の原因になった電池です。

ダニエル電池の構造

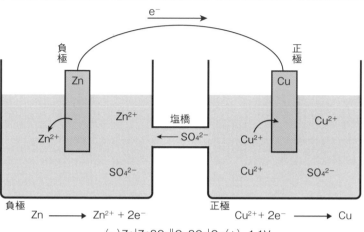

$$(-)Zn|ZnSO_4\|CuSO_4|Cu(+)\quad 1.1V$$

負極
$$Zn \longrightarrow Zn^{2+} + 2e^-$$

正極
$$Cu^{2+} + 2e^- \longrightarrow Cu$$

亜鉛と銅の電極を使用した
ダニエル電池の実験の様子
（出典：Wikipedia）

標準水素電極の構造

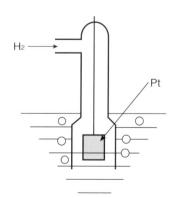

電池の販売総額

　経済産業省機械統計によれば、2022年の電池の総額は1兆1,719億円で、これは20年前の6,942億円の約1.68倍から大きく伸びています。ところがその内訳を見てみると、一次電池（第2章参照）と二次電池（第3章参照）とでは大きな違いがでていることがわかります。

　一次電池の総額は半分以下にまで落ち込んでいるのに対し、二次電池は倍以上に伸びているのです。

　同じ電池といっても時代によって必要とされる電池のタイプ、種類は変わっていきますし、一次電池はともかく、二次電池にはさまざまな次世代電池が加わってくるでしょうから、その動向には常に注意を払っておく必要があります。

金額	一次電池	二次電池	総額
2022年	735	10,984	11,719
2021年	709	9,417	10,126
2020年	611	7,886	8,297
2019年	630	7,621	8,251
2018年	625	7,816	8,441
2017年	640	7,501	8,141
2016年	627	7,112	7,739
2015年	649	6,750	7,399
2014年	613	6,807	7,420
2013年	604	6,230	6,834

金額	一次電池	二次電池	総額
2012年	712	6,571	7,283
2011年	877	5,337	6,214
2010年	1,037	5,854	6,891
2009年	1,062	5,279	6,431
2008年	1,253	7,208	8,461
2007年	1,372	6,353	7,725
2006年	1,414	5,632	7,046
2005年	1,430	5,311	6,741
2004年	1,469	5,242	6,711
2003年	1,556	5,386	6,942

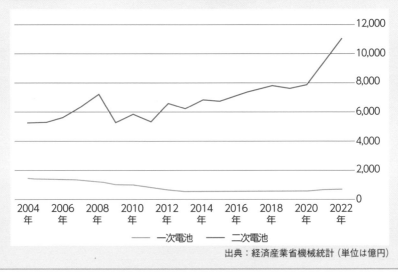

出典：経済産業省機械統計（単位は億円）

第 2 章

進んだ化学電池の原理と仕組み

便利な電池は研究や工業用だけでなく、一般家庭にも普及しました。それにともなって、乾電池、燃料電池、原子力電池、心臓ペースメーカー用、あるいは各種小型電気機器用などが開発されました。これらの進んだ化学電池の原理と仕組みを見てみましょう。

乾電池の原理と仕組み

乾電池が発明されたのは1888年のことです。この乾電池の発明で知っておくべきは、1人の日本人が世界に先駆けて発明していたという事実です。

電池は電子を発生する負極、その電子を、導線を経由して引き受ける正極、そしてイオンが移動するための電解質という3つの要素からできています。ボルタ電池は、電解質として硫酸水溶液を用い、ダニエル電池では硫酸亜鉛水溶液と硫酸銅水溶液という2種の水溶液を用います。つまり両電池とも、電池の構成要素として水溶液を用いた液体電池です。

このように構成要素が液体では、運搬にも使用にも不便です。電池を傾ければ電解液がこぼれ、大きなショックを与えれば電解液の容器が壊れます。また寒冷な地帯では電解液が凍って起電力が弱くなって使いものにならなくなります。なんとか電解液を固体にできないものかと考えるのは当然です。そのような要望に "便宜的に" 応えるものとして登場したのが乾電池でした。

▶▶ 日本人の発明

乾電池は、見た目は固体ですが、実は電解質として実質的に働くものは相変わらず液体なのです。そのため、乾電池は見た目は固体でも基本的にはボルタ電池と同じ液体電池（湿式電池）です。ただし "乾" 電池といわれるように「液体らしいもの」を用いていません。

ボルタ電池を構成する液体は「電解質＝電解液」といわれる希硫酸であり、電子を移動させることのできる溶液です。ということは「電解質は電子を移動させることさえできれば液体である必要はない」のです。

乾電池はこのよう視点から日本人の屋井先蔵が江戸時代末期（文久3年、1864年）に発明しました。ただし江戸時代の屋井は、特許などの制度が存在することを知るはずもありませんし、知っていてもお金がなくて登録などできません。そのため先蔵は特許に関してはなにもしませんでした。このため世界的には、乾電池はドイツのカール・ガスナー、デンマークのウィルヘルム・ヘレンセンが1888年に発

明したものとなってしまったといいます。もし屋井が登録していたら、乾電池は日本人の偉大な発明となっていたことでしょう。

　ただし当時の湿式電池は寒冷地では電解液が凍結して使いものにならなかったのに対して、屋井の乾電池は寒冷地でも使用できたため、日清戦争で寒冷地の満州で通信ができずに苦労していた軍部より大口の注文を受けました。そのため多大な利益を上げた屋井は「電池王」として日本で有名になったといいます。

乾電池の発明者たち

◀屋井乾電池

日本人の手によって発明された乾電池（写真提供：一般社団法人電池工業会）

▼屋井先蔵

1864年に、世界に先駆けて乾電池を発明した屋井先蔵（出典：Wikipedia）

▼カール・ガスナー

世界的に乾電池の発明者となったドイツのカール・ガスナー（出典：Wikipedia）

▶▶ マンガン乾電池の構造と原理

　現在も基本的な乾電池として広く使われているマンガン乾電池の構造は図のようなものです。負極に亜鉛Zn、陽極に二酸化マンガンMnO_2を用います。化学反応は図に示したように負極ではZnが電子を放出してZn^{2+}となります（1）。一方陽極ではその電子をMnO_2（Mn^{4+}：四価）が受け取って還元されて$MnO(OH)$（Mn^{3+}：三価）となります（2）。つまりマンガンはMn^{4+}からMn^{3+}に還元されているのです。

　電解質は二酸化マンガンの粉末と電解液の塩化アンモニウムNH_4Cl水溶液、あるいは塩化亜鉛$ZnCl_2$水溶液を練り合わせてペースト状にしたものが用いられています。起電力は1.5Vです。

　このように乾電池は一見したところ固体であり、あたかも全固体電池のように思われますが、実質は電解質に水溶液を用いているので固体電池ではありません。湿式電池なのです。

▶▶ アルカリマンガン乾電池

　最近よく用いられているのがアルカリマンガン乾電池です。この電池は電解質にアルカリ性の水酸化ナトリウム$NaOH$水溶液を用いて、出力を大きくしたものです。ですからもちろん、湿式電池です。また負極は亜鉛板ではなく、亜鉛を含む混合物となっています。そして電子を集める集電棒が正極となっています。

　発電の機構はマンガン電池とまったく同じであり、したがって起電力はマンガン電池同様1.5Vです。

　一般に動力機械や模型自動車のスピード競争のように、短時間で大出力を要する場合にはアルカリ乾電池、時計のように小出力を小出しにして長時間使う場合には普通のマンガン乾電池がよいとされているようです。

マンガン乾電池の構造

炭素棒（＋）

正極合剤
$\left(\begin{array}{l}MnO_2、C 粉末 \\ NM_4Cl、ZnCl_2 、水\end{array}\right)$

セパレータ

亜鉛缶（－）

負極　$Zn \longrightarrow Zn^{2+} + 2e^-$　（1）

正極　$Mn^{4+} + e^- \longrightarrow Mn^{3+}$　　（2）

アルカリマンガン乾電池の構造

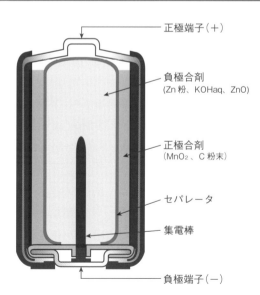

正極端子（＋）

負極合剤
(Zn 粉、KOHaq、ZnO)

正極合剤
（MnO₂ 、C 粉末）

セパレータ

集電棒

負極端子（－）

第2章

進んだ化学電池の原理と仕組み

31

2-2

燃料電池

化学電池で今、大きな話題となっているものが3つあります。全固体電池、ペロブスカイト太陽電池、そして水素燃料電池です。

燃料電池という言葉は聞いたことがなくとも、水素燃料電池という言葉はニュースで登場しているので、耳にすることがあるでしょう。水素燃料電池という言葉が日本のニュースでひんぱんに登場するようになったのは最近のことですが、燃料電池の原理は随分と昔に登場しています。

▶▶ 燃料電池の歴史

燃料電池の原理を最初に考案したのはイギリスのハンフリー・デービーであり、1801年のことですから、世界初の電池であるボルタ電池と同じころです。そして、現在の燃料電池に通じる燃料電池の原型は1839年にイギリスのウィリアム・グローブによって作製されました。この燃料電池は、電極に白金を、電解質に希硫酸を用いて、水素と酸素から電力を取りだし、この電力を用いて水の電気分解をすることができたといいますから、これまた実用的な化学電池であるダニエル電池と同じくらいの時期です。つまり、水素燃料電池の原型は200年近くも前に完成していたことになります。

電池は化学反応エネルギーを電気エネルギーに変換する装置ですが、その化学反応エネルギーの原料（電極）はあらかじめ缶詰のように電池の中にセットしてあります。そしてそのエネルギーを使い切った時点で電池の寿命は尽きてしまうことになります。

ところが燃料電池はいつでも好きなときに燃料を補充でき、補充した燃料の範囲で発電します。これは天然ガスを燃料として発電する火力発電所と同じコンセプトです。してみれば燃料電池は「電池」というより「携帯発電機」といったほうが実態を表しているのかもしれません。しかし、慣習的に電池といっているようです。

その後、熱機関（エンジン）によって動かされる発電機の登場によって、発電システムとしての燃料電池はしばらく忘れられていました。しかし100年以上も経った

1955年、アメリカの科学者トーマス・グルッブによって、高分子膜を利用した現代的発電システムとしてよみがえることになりました。それによってジェミニ計画などの宇宙船で電力源として使われたほか、現在では燃料電池自動車 (FCV) のほか家庭用燃料電池、あるいは携帯電話の充電システムなどにも活用されています。

燃料電池の発明と用途

▼ウィリアム・グローブ

燃料電池の原型を作成したウィリアム・グローブ
（出典：Wikipedia）

▼グローブ電池

グローブ電池の構造（出典：Wikipedia）

◀ジェミニ5号

ジョンソン宇宙センターに展示されているジェミニ5号。4号の宇宙滞在日数は4日間だったが、5号から電力源に燃料電池を用いて最長8日間までの滞在を目指した（出典：Wikipedia）

▶▶ 燃料電池の種類

　燃料電池にはいろいろの種類がありますが、現在のところ実用化されているもの、および研究が進んでいるものとして表に示した４種類があります。

　分類は電解質によって行ったものですが、固体高分子形とリン酸形は燃料として水素ガスを用いるもので、一般に水素燃料電池と呼ばれるものです。一方、溶融炭酸塩形と固体酸化物形は燃料として水素あるいは一酸化炭素COを用います。

　一酸化炭素は酸素と反応（燃焼）して二酸化炭素CO_2となり、その際燃焼エネルギーを発生しますから立派な燃料になります。つい50年ほど前まで日本で都市ガスとして各家庭に送られていたのはこの一酸化炭素と水素ガスの混合物である水性ガスでした。猛毒である一酸化炭素を家庭に送るなど、今から考えれば、よくもそんな危険ことができたものと驚かされます。当時の自殺手段としてガス自殺が一般的だったのも当然といえば当然です。

▶▶ 水素燃料電池の構造と原理

　燃料として水素ガスを用いる燃料電池を水素燃料電池といいます。近い将来に主流となると考えられる電気自動車のエネルギー源として期待されているものです。

●水素燃料電池の構造

　水素燃料電池は水素が酸素と反応して水になる、つまり燃焼するときの反応エネルギー（反応熱）を電気エネルギーとして取りだす装置です。図はリン酸形の装置の模式図です。電解質（液）としてリン酸H_3PO_4を用います。

　電極は両方とも白金Ptでできており、触媒の役を兼ねています。負極に白金を用いる理由は、白金の触媒作用で水素がイオン化しやすいという理由によります。しかし白金は貴金属であり、希少で高価な金属です。電極として白金を用いなければならないということがこの電池の弱点になります。

　作動の際には電解液の入った容器、電解槽の負極側には水素ガスH_2が吹き込まれ、正極側には酸素ガスO_2が吹き込まれます。

　現在では液体の電解液ではなく、ペースト状のものや、高分子膜のもの（固体高分子形）が開発されて、携帯や使用に便利なように改良されています。

縦書き：第2章 進んだ化学電池の原理と仕組み

各種電池の性能比較

年別	固体高分子形 （PEFC）	リン酸形 （PAFC）	溶融炭酸塩形 （MCFC）	固体酸化物形 （SOFC）
燃料	水素	水素	水素／一酸化炭素	水素／一酸化炭素
電解質	イオン交換膜	リン酸	溶融炭酸塩	ジルコニア系 セラミックス
動作温度	常温〜90℃	150〜200℃	650〜700℃	750〜1000℃

◀MIRAI

トヨタが販売している燃料電池車MIRAI。2014年に販売が開始され、2020年にさまざまな改良が施された2代目となった（出典：トヨタ）。

水素燃料電池の構造

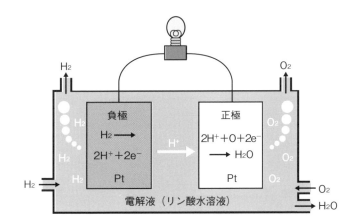

H_2　　　　　　　　O_2

負極
$H_2 \rightarrow$
$2H^+ + 2e^-$
Pt

H^+

正極
$2H^+ + O + 2e^-$
$\rightarrow H_2O$
Pt

H_2　　　　　　　　O_2
H_2O

電解液（リン酸水溶液）

35

▶▶ 水素燃料電池の起電機構

水素燃料電池で電気が起こる原理は次のようなものです。

●負極反応

負極の白金表面に水素ガスが接触すると水素が分解して水素イオンH^+と電子e^-になります。

$$H \rightarrow H^+ + e^-$$

発生した電子は外部の導線を通って正極に移動し、電流になります。一方H^+は電解液を通って正極に移動します。

●正極反応

正極には酸素ガスO_2が待っています。正極に達したH^+と電子は再結合して水素Hになり、電極と同時に触媒の働きをする白金の力を借りて酸素と結合して水H_2Oになります。

$$H^+ + e^- \rightarrow H$$
$$4H + O_2 \rightarrow 2H_2O$$

水素燃料電池の活用例

◀HANARIA

2024年4月から営業を開始した水素燃料電池搭載の旅客船HANARIA（ハナリア）。水素燃料電池、リチウムイオン電池、バイオディーゼル燃料のハイブリッド旅客船である（出典：商船三井プレスリリース）

2-3

原子力電池

　長期間の運用に耐えるものとして、一部の人工衛星には原子力電池が搭載されています。2024年1月、中国で小型の民間用原子力電池が開発されたという報道もありました。

　原子力電池は一般的な電池ではありません。少なくとも私たちの身の周りで見ることはないでしょう。しかし、旧ソビエト連邦時代のシベリヤや極東地方などの北方地帯では日常的に使われていたといいます。また、人工衛星にも搭載されていたといいます。

▶▶ 原子力とは

　原子力発電が問題になっています。2011年に起こった福島の原子炉爆発事故以来、原子力とはどのようなものなのか？　ということが問い直されています。

　原子力とはなんなのか？　原子力発電とはなんなのか？　原子炉とはなんなのか？こう問われて、自信をもって答えることのできる方はどれくらいいるのでしょうか？

原子力の負の側面

▼福島第一原子力発電所

2011年3月の東日本大震災による津波で炉心溶融を起こした福島第一原子力発電所。上は2007年に撮影された航空写真で、下は爆発後の3号機原子炉建屋。10年以上も廃炉作業が続けられているが、完了は2050〜2060年ごろとまだまだ先が長い（出典：Wikipedia）

　一般に原子力とは、原子核が発する力、エネルギーだと考えられています。原子核はあらゆるところに存在します。私たちは物質でできており、物質は分子でできており、すべての分子は原子でできており、すべての原子は原子核をもっています。つまり、私たち生命体を含めて、この宇宙のすべてのものは原子核からできているのです。

　しかし、私たちの肉体を構成するタンパク質の原子核が特別のエネルギー、原子力を発生することはありません。それでは原子核はどのような場合に原子力を発生するのでしょうか?

　それはおもに、ウランUのような大きな原子核が壊れて小さな原子核になる場合（核分裂）と、反対に水素Hのような小さい原子核が2個融合してヘリウムHeのような大きな原子核になる場合（核融合）です。

　核融合の場合には核融合エネルギーが発生し、これは太陽をはじめとする恒星を輝かせるエネルギーとなります。一方、核分裂の場合には原子爆弾ともなりますし、じょうずに使えば原子力発電のエネルギーともなります。

▶▶ 原子力発電の仕組み

　このような思考の流れとして、原子力発電とは?　と聞かれると、つい「原子力発電は核分裂エネルギーを電気エネルギーに換える」ものと答えてしまいそうになります。

　この答えは、「正しい」と強弁することもできるでしょうが、ここでは「間違っている」としておきましょう。その答えは以下のとおりです。

　原子力発電は「原子炉を発電システムの一環」として用いて発電するシステムです。それでは原子炉は具体的になにをするのでしょう?　それはバカバカしいような役割です。お湯を沸かす、すなわち「スチームを作る」のです。そしてこのスチームで原子炉と関係ないところに置かれた発電機を回すのです。

　これは火力発電と同じです。火力発電ではボイラーでスチームを作り、そのスチームで発電機のタービンを回し、発電します。つまり、原子炉はボイラーの役目をしているだけなのです。

▶▶ 原子力電池の仕組み

　原子力発電の説明をしたのは、一般に原子力というと、原子力がすべてのことを一手に引き受けてすべてのことを一挙に解決してくれるような "錯覚"（まさか "迷信" ではないでしょうが）のようなものがあるように感じられるからです。

　原子力電池の場合にも同じことです。原子核は「熱を発生する」だけです。その熱を受けて、その熱エネルギーを電気エネルギーに換えるのは「熱電変換素子」という太陽電池の変形のような半導体素子なのです。

原子力電池の仕組み

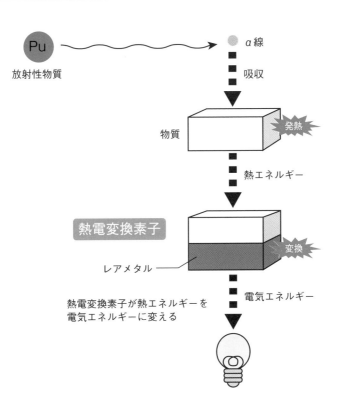

●放射性元素

　核分裂反応の一種と見ることもできますが、大きな原子核が小さな原子核や高エネルギー（放射線）を放出して別の原子核に変化する反応を一般に原子核崩壊といいます。

　プルトニウムの同位体 ^{238}Puやポロニウムの同位体 ^{210}Poは原子核崩壊を起こしてα（アルファ）線という放射線を放出します。α線というのはヘリウムの原子核 ^{4}Heです。α線は非常に大きな運動エネルギーをもっており、ほかの物質の原子核に衝突して原子核反応を起こさせ、そのときに原子核反応エネルギー（熱エネルギー）を発生します。

　このエネルギーを吸収して電気エネルギーに変換するのが熱電変換素子なのです。

●熱電変換素子

　熱電変換素子は2種類の異なる金属または半導体を接合したもので、両端に温度差を生じさせると起電力が生じるものです。いくつもの種類がありますが、大きな電位差を得るためにp型半導体、n型半導体を組み合わせて使用されることが多いです。基本的なものの構造式を図に示しました。

　つまり、エネルギー源となる放射線源を用意し、そこからでるα線などの放射線を適当な物質に照射して発熱させ、そのエネルギーを熱電素子に渡して発電するものです。

　この電池の長所は、放射性元素さえ用意すれば、長期間にわたって安定的な電力を供給できることです。短所は、なんといっても放射性元素の利用、放射線の利用です。これらが危険なものであることは、日本人は原爆被爆や水素爆弾による第五福竜丸事件、東海村臨界事故、あるいは福島原子力発電所事故などで、すでに何回も経験ずみです。

　ということで、原子力電池はおもに人工衛星など、メンテナンスが不可能で、しかも数十年という長期間にわたって、太陽光も届かない暗黒極低温状態で活動を続ける宇宙探査の人工衛星の格好のエネルギー源などとしておもに利用されています。

熱電変換素子の構造

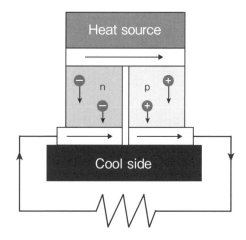

原子力電池の活用例

▼カッシーニ

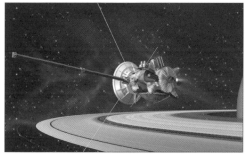

1997年に打ち上げられ、2004年から2017年にわたり土星を観測し続けたNASAの土星探査機カッシーニ。長期にわたる観察のため、カッシーニには3基の原子力電池が搭載された（出典：Wikipedia）

▼原子力電池

◀ボイジャー2号

太陽圏外から貴重なデータを地球に送り続けているNASAの無人宇宙探査機ボイジャー2号。原子力電池により、2026年まで惑星間空間探査を続けられる見込みだ（出典：Wikipedia）

2-4

イオン濃淡電池 (生体発電)

イオン濃淡電池は化学変化を起こさない電池ですが、生物の体内で重要な役割を果たしています。

イオン濃淡電池は化学電池の一種と見てよいでしょう。しかし先に見た化学電池は、化学反応を行い、その反応エネルギーを電気エネルギーに変えていました。それに対してイオン濃淡電池は物質変化を起こしません。ただ溶液における溶質の濃度の変化によってのみ起電する電池です。イオン濃淡電池は生物の体内で重要な役割を果たしています。

▶▶ イオン濃淡電池の原理

図はイオン濃淡電池の模式図です。ダニエル電池と同じように素焼きの陶板で2つに仕切られた容器の片方に硝酸銀$AgNO_3$の濃厚水溶液、もう片方に同じく硝酸銀の希薄水溶液を入れます。要するに両室の違いは溶液の濃度の違い、濃淡だけです。そして両方に電極となる銀Ag板を挿入し、導線で結びます。

イオン濃淡電池の原理

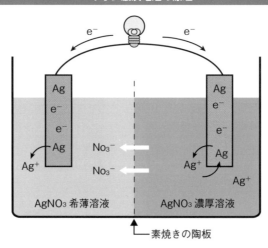

●電極の溶解

このようにすると両室で電極のAgが溶液に溶けだしますが、溶けだし方に違いがあります。つまり、希薄溶液のほうではよく溶けますが、濃厚溶液のほうではあまり溶けません。この結果、希薄溶液側のAg板に電子が溜まります。この電子は導線を伝って濃厚溶液側のAg板に流れます。

つまり、希薄溶液側から濃厚溶液側に電子が移動し、電流が流れたのです。導線の途中に豆電球をつなげば点灯しますし、モーターをつなげば回転します。定義にしたがって、電子をだした希薄溶液側が負極であり、電子を受け取った濃厚溶液側が正極になります。

●イオンの移動

反応が進行すると希薄溶液側では銀イオンAg^+が増えて、その結果対イオンの硝酸イオンNO_3^-が不足します。そこで、濃厚溶液側の硝酸イオンNO_3^-が素焼き板を透して希薄溶液側に移動します。

この結果、希薄溶液側では電極が溶けることでAg^+が増え、濃厚溶液側からNO_3^-がくることで結果的に$AgNO_3$濃度が高まります。反対に濃厚溶液側ではNO_3^-濃度が落ち、それにつれてAg^+が金属銀Agとなって析出します。

このようにして、両室の$AgNO_3$濃度が等しくなった時点で電子とイオンの移動は停止し、電流は止まります。

▶▶ イオン濃淡電池と神経伝達

一般的に液体に比べてイオンの動きが遅い固体を電解質とすると、電池の内部抵抗が増大します。この内部抵抗を減らすための1つの方法として、イオンの輸送距離を短くするために電池を薄型化する方法があります。このような発想で生まれたものが薄膜型電池です。すでに実用化されており、優れたサイクル特性を示すことが実証されています。全固体電池の大きな可能性を示すものといえます。

薄膜型全固体電池は、気相法（スパッタ法、真空蒸着法、パルスレーザー堆積法など）を用いて薄膜を積層させることによって作製されます。

リチウムイオン電池の全固体化がもっとも期待されている車載用途などに使用するためには、高いエネルギーを蓄えるために面積あたりの活物質量の大きな、すな

わち薄膜を何層も重ねて厚型の電池を作製する必要があります。このような電池は、原理的には薄膜型でも、一般の薄膜電池と対比させる意味でバルク型電池と呼ばれることもあります。

●神経細胞

　動物体内での情報伝達はすべて神経細胞を通じて行われます。神経細胞は特殊な細胞で、図のように長いものですが、長さはいろいろで短いものは数ミクロン、長いものは50cm以上に達するものもあります。

　神経細胞は核をもった細胞体と、それから伸びる長い軸索からなります。細胞体には木の根のような樹状突起があり、軸索の端には軸索末端と呼ばれる木の根のようなものがでています。神経細胞は何個もつながって神経系を構成しますが、つなぎ目は細胞が融合しているのではありません。樹状突起と軸索末端が絡み合っているだけです。この部分をシナプスといいます。

●神経伝達

　神経系統の情報伝達は一方向だけです。細胞体から軸索末端に伝わります。情報が軸索を伝わるときはすぐあとで見るように、電圧変化で伝わります。いわば電話連絡です。しかしシナプスでは電話線が切れています。そこでこの区間は手紙連絡になります。この手紙に相当するのが神経伝達物質です。軸索末端から神経伝達物質放出され、それが次の細胞の樹状突起に付着することによって情報が伝わるのです。神経伝達物質にはアセチルコリンやドーパミンなどがよく知られています。

▶▶ 濃淡電池による情報伝達

　情報が軸索を通過するときに使われるのが、イオン濃淡電池です。軸索にはカリウムチャネルとナトリウムチャネルという2種類の穴が無数に空いています。

　情報がくるとカリウムチャネルから軸索内のカリウムイオンK^+が外部にでます。代わってナトリウムチャネルからナトリウムイオンNa^+が軸索内に入ります。このようにして軸索の内外でK^+とNa^+の濃度が変わることによって電位の変化が起き、これが情報となるのです。情報が通過したあとはK^+とNa^+が入れ替わり、もとの状態に戻ります。

このように、細胞膜のような膜を挟んで生じる電位を一般に膜電位と呼びます。電気ウナギや電気ナマズなどは人間を倒すほどの高電圧を発生するといいますが、発電の起源は神経繊維であり、それが直列、並列にたくさん結合し、高電圧大電流となるといいます。人間の脳もものを考えるときには発電することが知られています。

神経細胞の接続と神経伝達

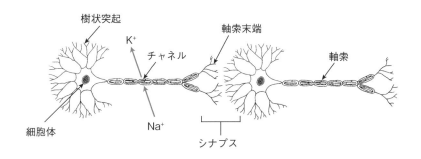

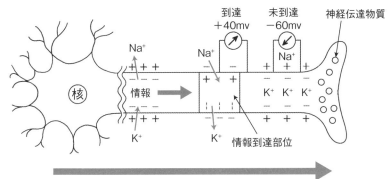

情報伝達方向

アセチルコリン　　　　　　　ドーパミン

2-5

初期全固体電池
(ペースメーカー用電池)

EV向けに開発競争が加速している全固体電池ですが、全固体電池自体は以前からありました。それがペースメーカー用のヨウ素リチウム電池です。

全固体電池の開発は今に始まったことではありません。地味な電池ではありますが、すでに完成の域に達し、広く商用化されている全固体電池があります。それは、1970年代に開発された心臓のペースメーカー用電池、「ヨウ素リチウム電池」です。

▶▶ 水銀電池

初期のペースメーカーに使われていた電池は、水銀電池というものでした。この電池は、室温 (20℃) では、自己放電率が年7%程度で、5年間の使用を前提とすると、容量の65%が使えるはずでした。しかし、実際にペースメーカーに装填すると、わずか2〜3年で消耗してしまったのです。患者はその都度手術をして新しい電池を埋め込まなければなりません。大きな負担です。

この理由は患者の体温でした。一般に化学反応は、温度が10℃上昇するごとに、反応速度が2倍になります。このため、電池の自己放電も、体温の37℃では、室温時の約3倍に増加し、水銀電池の自己放電率は年20%となり、2〜3年で容量が尽きてしまったのです。

▶▶ ヨウ素リチウム固体電池

そこで登場したのが、現在も現役のヨウ素リチウム電池でした。リチウムは電池の活物質として理想的とされながら、電池に不可欠な電解液の水と爆発的に反応するため、危険で実用化が遅れていました。しかし、この電池は水をまったく含まない、固体電解質を使用したものでした。ヨウ素リチウム電池は、1968年にアメリカで発明され、ペースメーカーに採用されたのは1974年からでした。ですからもう50年以上の実績があります。

　ヨウ素リチウム電池の構造は図のようなものです。つまり金属製の集電網の両側から、負極の活物質である金属リチウムを圧着します。正極は72時間の間、150℃に加熱溶解して作製した、ヨウ素I_2とポリ-2-ビニルピリジンという有機物の混合材です。これを負極の周囲に流し込んで、冷えて固体化させたものです。つまり負極—集電網—正極という、単純な構造です。

ヨウ素リチウム電池の例

◀ヨウ素リチウム電池

Electrochem社（旧グレートバッチ社）の産業機器用・医療機器用ヨウ素リチウム電池。グレートバッチ社はアメリカの発明家、ウィルソン・グレートバッチによって設立された会社で、インプラント型心臓ペースメーカーにヨウ素リチウム電池を初めて採用。これによりペースメーカーの寿命と安全性が大幅に高まった
（出典：Electrochem）

ヨウ素リチウム電池の構造

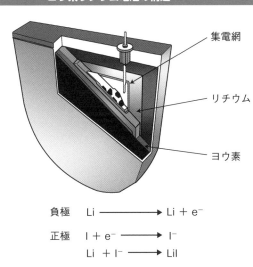

集電網

リチウム

ヨウ素

負極　　Li ⟶ Li + e⁻

正極　　I + e⁻ ⟶ I⁻

　　　　Li + I⁻ ⟶ LiI

第2章　進んだ化学電池の原理と仕組み

2-5　初期全固体電池（ペースメーカー用電池）

●発電機構

　溶けたヨウ素がリチウムに触れると、両者の間に結晶化したヨウ化リチウム（LiI）の半導体層が生成し、これが電解質として機能します。このヨウ化リチウムは、電池の放電で生成され、放電につれて厚さを増していきます。

　このため電池の内部抵抗は放電とともに増加し、未使用状態の約100Ω（オーム）から末期には10kΩを超えます。このため、取りだせる電流はせいぜい0.1mA程度であり、電池としては微力なものといえます。

　この電池は、単体で2.8Vの電圧が得られ、自己放電も体温下で年0.2%と極端に小さく、なによりも信頼性の高いことが確認され、最終的にはすべてのメーカーのすべてのペースメーカーに採用されるまでに至りました。

●自己修復性

　ヨウ素リチウム電池の高信頼性は、電池の自己修復性で実現されています。一般に電池で問題になるのは、放電で析出した金属が電解液を含んだ多孔質セパレータの孔の中で成長し、正極と負極の間をショートすることです。これは電池の発熱や、場合によっては、爆発の原因になります。こんなことが患者の心臓で起こったら大変です。心臓が爆発して無事な患者がいるとは思えません。そんな丈夫な心臓をもつ方なら、そもそも心臓病などにならないでしょう。

　しかしヨウ素リチウム電池では、仮に電解質に穴が開き、正極と負極がショートしても、そこに流れる電流によって、ヨウ化リチウムが発生して穴が塞がれることになります。これが自己修復性と呼ばれる性質で、これによって穴が開くような事態そのものが回避され、また構造が単純なことと相まって高信頼性が確保されたのでした。

2-6

ボタン電池

私たちの生活に電池は欠かせません。腕時計のような小さな機器用には一般にボタン電池と呼ばれる、本当にボタンのような薄い円形の電池があります。

▶▶ ボタン電池の危険性

ボタン電池は固体電池のような顔をしていますが、原理的には乾電池の仲間です。電解質の本体は液体です。ボタン電池には表に示したように多くの種類があります。小さくてかわいらしい姿なので赤ちゃんがめずらしがって口に入れそうですが、飲みこんだら大変です。胃の中の胃酸（塩酸HCl）で外装の金属が溶けたら電解液の強アルカリ溶液が流れでます。こうなったら赤ちゃんの胃などひとたまりもありません。ただちに穴が開いて命にかかわります。ウンチといっしょにでるのを待つ、などとのんびりしていられないかしれません。要注意です。

ボタン電池の種類を次ページの表にまとめました。いくつかの構造と原理を見てみましょう。

ボタン電池の活用例

▼ボタン電池

腕時計から自動車のリモコンキー、パソコンのマザーボードなど、さまざまなところで活用されているボタン電池

▶▶ 酸化銀電池

　負極の亜鉛Znがイオン化して電子を放出します。それを正極の酸化銀AgO（Ag^{2+}（2価））が受け入れ、還元されてAg^+（1価）になります。この電池の特徴は電圧が一定していることであり、寿命がくるまで最初の電圧をもち続けます。そのため、クォーツ時計など精密な機器に用いられます。

▶▶ リチウム一次電池

　名前からわかるように負極にリチウムが用いられています。これがイオン化してリチウムイオンLi^+と電子になります。その電子を正極の二酸化マンガンMnO_2のマンガンイオンMn^{4+}が受け取ってMn^{3+}になります。この原理は先に見たマンガン乾電池と同じです。

　この電池の特徴は高電圧、大電流が放出されるうえ、長もちするという優れものです。コンピューターやビデオのメモリーバックアップ用のほかにコイン型のものはカメラや電子手帳に使われます。この電池には紙のように薄いペーパー型もあり、メモリーカードやICカードなどに使われます。

各種電池の性能比較				
名前	負極	正極	電解液	公称電圧（ボルト）
フッ化黒鉛リチウム電池	リチウム	フッ化黒鉛	非水系有機電解液	3.0V
二酸化マンガンリチウム電池	リチウム	二酸化マンガン	非水系有機電解液	3.0V
酸化銅リチウム電池	リチウム	酸化銅（Ⅱ）	非水系有機電解液	1.5V
アルカリ電池	亜鉛	二酸化マンガン	アルカリ水溶液	1.5V
水銀電池	亜鉛	酸化水銀（Ⅱ）	酸化亜鉛の水酸化カリウム溶液	1.4V
空気亜鉛電池	亜鉛	酸素	アルカリ水溶液	1.4V
酸化銀電池	亜鉛	酸化銀	アルカリ水溶液	1.6V

酸化銀電池の構造

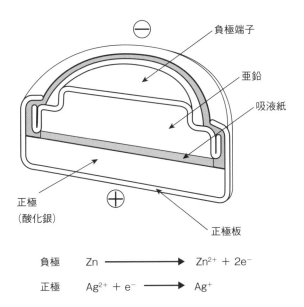

負極端子

亜鉛

吸液紙

正極
（酸化銀）

正極板

負極　　$Zn \longrightarrow Zn^{2+} + 2e^-$

正極　　$Ag^{2+} + e^- \longrightarrow Ag^+$

リチウム一次電池の構造

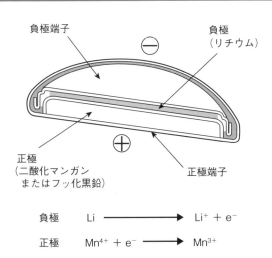

負極端子

負極
（リチウム）

正極
（二酸化マンガン
　またはフッ化黒鉛）

正極端子

負極　　$Li \longrightarrow Li^+ + e^-$

正極　　$Mn^{4+} + e^- \longrightarrow Mn^{3+}$

COLUMN

電池の種類別推移

　経済産業省機械統計で直近5年分の電池の種類別販売総額を見てみると、電気自動車（EV車）やハイブリッド車用のリチウムイオン二次電池がすさまじい勢いで伸びていることがわかりま

す。同様の伸びを見せるのがニッケル水素二次電池で、この傾向は全固体電池（第5章参照）に代表される次世代電池が本格的な普及期に入るまで変わらないかもしれません。

	一次電池			二次電池				
	アルカリマンガン電池	リチウム電池	酸化銀電池	リチウムイオン電池（車載）	リチウムイオン電池（その他）	ニッケル水素電池	鉛蓄電池	その他のアルカリ蓄電池
2022年	368	215	151	5,703	1,263	2,351	1,661	－
2021年	342	247	120	4,365	1,345	2,098	1,546	64
2020年	337	201	73	3,189	1,135	1,737	1,561	63
2019年	330	197	103	2,898	1,144	1,791	1,712	76
2018年	325	201	100	3,116	1,211	1,674	1,739	76

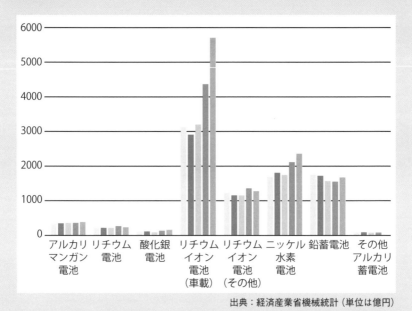

出典：経済産業省機械統計（単位は億円）

第**3**章

二次電池の
原理と仕組み

普通の化学電池は化学反応の原料を電池内にもっており、
それを使い終わったら電池の寿命も終わりです。ところが、
充電操作によって再生できる電池があります。このような電
池を二次電池といい、時代は二次電池を欲しています。二次
電池の原理と構造、仕組みを見てみましょう。

一次電池と二次電池

化学電池には一次電池と二次電池があります。特に二次電池は、スマートフォンをはじめ、EV、ドローンなど、現代社会の進化に欠かせないものになっています。

化学電池は、出発物である化学物質が反応して生成物となるときに発生する反応エネルギーを電気エネルギーとして取りだす（放電）装置です。したがってあらかじめ電池の内部にセットされた出発物が化学反応を終え、すべて反応物となった時点で反応エネルギーの生産は終わり、電気エネルギーを生産することもできなくなって電池としての寿命は終わりになります。このような電池を一般に一次電池といい、ここまでに見てきたすべての電池は一次電池でした。

▶▶ 二次電池

ところが電池のなかには、一度寿命が尽きても適当な化学操作を施すことによって、再生してまた電流を生産することのできる電池があります。この操作は充電と呼ばれ、放電時と逆向きの電流を外部から流すという、非常に単純で簡単な操作なのです。つまり、このような電池は充電を繰り返すことによって何回でも繰り返し放電を行うことができます。

このような電池を一般に二次電池といいます。二次電池はまた蓄電池、バッテリー、あるいは充電池などと呼ばれることもあり、現代生活のあらゆる場面で活躍しています。

▶▶ 二次電池の種類と特徴

二次電池には自動車に使われる鉛蓄電池、家電製品に使われるニッカド電池、パソコンなどに使われるリチウムイオン二次電池など多くの種類があり、それぞれの特色、長所、短所があります。それらを表にまとめました。

二次電池の種類・特徴・用途

名称	正極 / 負極	電圧	特徴およびおもな用途
鉛蓄電池	二酸化鉛 / 鉛	2.0V	・単位セルあたりの電圧が高めで、材料も安価 ・「短時間×大電流放電」または「長時間×少量放電」のいずれかで安定的に使用可能 ・用途は自動車用バッテリーやバックアップ電源用電池など
ニッケル・カドミウム蓄電池	二酸化 Ni/ 水酸化 Cd	1.2V	・大電流の充放電が可能だが消費電力は小さい ・用途は電解工具や非常用電源など
ニッケル・水素電池	水酸化 Ni/ 水素吸蔵合金	1.2V	・ニッケル・カドミウム電池と同じ電圧で、電気容量がおよそ 2 倍 ・カドミウムを使用しない（カドミウムフリー） ・用途はポータブル電子機器やハイブリッドカーなど
金属リチウム電池	遷移金属の酸化物 / 金属リチウム	3.0V	カドミウムフリーの二次電池として期待されたが、充放電の繰り返しにともない負極表面に金属が析出。短絡の原因となり、安全上の問題から普及せず
リチウムイオン二次電池	リチウム遷移金属酸化物 / 黒鉛	3.7V	・リチウムの合金化と負極を黒鉛にすることで金属リチウム電池の問題を解決・電圧が高く、軽量コンパクト ・用途はポータブル電子機器やハイブリッドカーなど
リチウムイオンポリマー二次電池	リチウム遷移金属酸化物 / 黒鉛	3.7V	・電解液を高分子ゲルに浸み込ませ、電解液に用いられる可燃性 　溶剤の液漏れを対策 ・化学反応はリチウムイオン二次電池と同じ ・外装にアルミラミネートパウチを用いることで、薄型・小型の電池を作ることができる ・用途はポータブル電子機器など

※参考：ナノフォトン

二次電池の活用例

◀EV用バッテリーパックの構造図

現在はリチウムイオン二次電池が使用されているが、将来的には半固体電池や全固体電池に置き換わる可能性がある

3-2

鉛蓄電池

二次電池のなかで長く社会を支えてきたものが鉛蓄電池です。鉛蓄電池は自動車をはじめ、飛行機、家庭やビルの補助電源などに使われています。

　現代の生活に欠かすことができず、それだけに種類のたくさんある二次電池のなかでもっともよく知られているのは鉛蓄電池でしょう。一般にバッテリーといったら鉛蓄電池のことをいうのではないでしょうか？　エタノール、メタノール、プロパノールなど、アルコールの種類は数えきれないほどあるなかで、一般にアルコールといえばエタノールを指すのと同じように、一般にバッテリーといえば鉛蓄電池を指すといってよいような状態です。

　鉛蓄電池は、乾電池などが登場したのと同じ時代、1859年にフランス人のガストン・プランテにより発明されました。ようやく実用的な一次電池が誕生したのとほぼ同じ時代に、充電可能な二次電池がすでに開発されていたというのはまさに驚くほどです。

鉛蓄電池の発明

▼ガストン・プランテ

▼最初の蓄電池

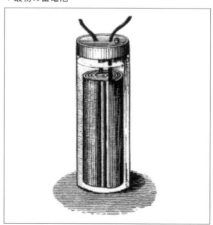

ガストン・プランテと彼が発明した蓄電池の構造（出典：Wikipedia）

▶▶ 鉛蓄電池の構造

　鉛蓄電池の実際の構造は図のようなものですが、その基本的な部分の模式図は、ボルタ電池と大差ありません。要するに電解質としての硫酸H_2SO_4の中に、負極としての金属鉛Pb（0価）と正極としての酸化鉛PbO_2（Pb^{4+}、4価）がセットしてあります。

　ここであらかじめ注意しておきたいことがあります。それは、硫酸は、濃硫酸では比重1.84と水の2倍近く重い液体であり、鉛は比重11.3と鉄（比重7.9）の1.5倍ほど重いということです。つまり、鉛蓄電池は非常に重い電池なのです。

▶▶ 放電・充電の機構

　二次電池は、上で見たようにまず放電し、放電し終わったら次に充電してもとの状態に戻り、また放電するということを繰り返す電池です。

鉛蓄電池の構造

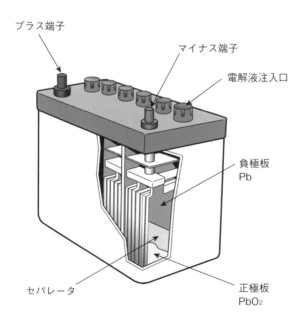

プラス端子

マイナス端子

電解液注入口

負極板
Pb

セパレータ

正極板
PbO_2

●放電機構

まず、どのようにして放電するのかを見てみましょう。これは単純です。要するに見慣れた亜鉛製の負極の場合とまったく同じです。つまり負極の金属鉛Pb（0価）が電離して鉛イオン（Pb^{2+}2価）と電子e^-になります。この電子を、外部回路を通って受け取った二酸化鉛（Pb^{4+}、4価）が化学変化します。つまり、先に見た二酸化マンガンMnO_2の場合と同じように、PbO_2のPbも4価の陽イオンPb^{4+}となっています。これが電子を受け取って2価のPb^{2+}となるのです。

負極　$Pb \rightarrow Pb^{2+}+2e^-$　　　（1）
正極　$Pb^{4+}+2e^- \rightarrow Pb^{2+}$　　　（2）

普通の一次電池の場合なら、説明はこれで終わりです。しかし二次電池の場合には、これで終わらないところが問題なのです。つまり、各電極で実際に生じた物質が問題になるのです。生成物まで含めた反応式を次に示します。

負極　$Pb+SO_4^{2-} \rightarrow PbSO_4+2e^-$　　　（3）
正極　$PbO_2+2e^-+SO_4^{2-}+4H^+ \rightarrow PbSO_4+2H_2O$　　　（4）

（1）、（2）式と（3）、（4）式を比べてみてください。両式ともいっていること（本質）は同じです。1、2式は本質だけを裸の状態で示します。それに対して3、4式は下着とドレスで飾り立てているのです。3、4式を見なくとも、1、2式だけで化学反応を理解できるようになると化学も本質が見やすくなるというものです。

それはともかくとして、放電にともなう生成物は、負極も正極もまったく同じ硫酸鉛$PbSO_4$なのです。これは二次電池にとって決定的に重要なこととなります。

●充電機構

充電というのは、電池に放電の場合とまったく逆の電流を流すことをいいます。つまり放電では、

・負極は電子を放出し、
・正極は電子を受け取ります。

鉛蓄電池の放電機構

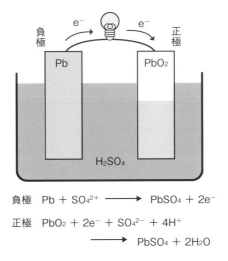

負極 $Pb + SO_4^{2+} \longrightarrow PbSO_4 + 2e^-$

正極 $PbO_2 + 2e^- + SO_4^{2-} + 4H^+$
$\longrightarrow PbSO_4 + 2H_2O$

鉛蓄電池の充電機構

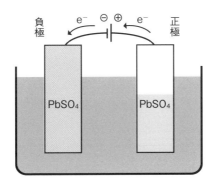

負極 $PbSO_4 + 2e^- \longrightarrow Pb + SO_4^{2-}$

正極 $PbSO_4 + 2H_2O$
$\longrightarrow PbO_2 + 2e^- + SO_4^{2-} + 4H^+$

この逆ということは

・負極は電子を受け取り

・正極は電子を放出するということです。

その結果、起こる反応は次のとおりです。

負極： $PbSO_4+2e^- \rightarrow Pb+SO_4^{2-}$

正極： $PbSO_4+2H_2O \rightarrow PbO_2+2e^-+SO_4^{2-}+4H^+$

●二次電池の機構

いかでしょうか？　放電機構と充電機構の反応機構は、矢印→をひっくり返しただけで、ほかはまったく同じことに気づかれるのではないでしょうか？　つまり、二次電池の反応機構は両辺を結ぶ矢印→を、両向きの矢印⇄で置き換えればよいことがわかります。

負極： $Pb+SO4^{2-} \rightleftarrows PbSO_4+2e^-$

正極： $PbO_2+2e^-+SO_4^{2-}+4H^+ \rightleftarrows PbSO_4+2H_2O$

このように、反応式の右側へも左側へも進行することができる反応を一般に可逆反応といいます。酸化・還元反応は典型的な可逆反応の１つなのです。

$A \rightleftarrows A^++e^-$

$B+e^- \rightleftarrows B-$

すなわち、Aが電子を放出すればA⁺となり、A⁺が電子を受け取ればもとのAに戻るのです。同様にBが電子を受け取ればB⁻となり、B⁻が電子を放出すればもとのBに戻ります。

▶▶ 鉛蓄電池の利用

　鉛蓄電池は、ほとんどすべての自動車のバッテリーとして古くから広く世界中で利用されています。そのほかにもフォークリフト、ゴルフカート、あるいは小型飛行機用にも利用されます。また、急な停電の場合の補充電源としても家庭やビルの地下室で待機しています。鉛蓄電池は社会のあらゆるところで縁の下の力もち的な役割をこなしているのです。

▶▶ 問題点

　このように現代社会で大切であり、しかも現代社会がここまで育つ間働いてくれた鉛蓄電池ですが、最近は欠点が目立つようになってしまいました。人の一生のようなものかもしれません。

●重量

　まず、第一の欠点は重いことです。本節冒頭で見たように、鉛蓄電池は重い電解液と重い電極を抱えています。現代の自動車は省エネ政策のおかげで「軽い」をよし！　とします。さして重くもない車輪のホイールを軽いが高価なマグネシム合金に換えて喜ぶほど軽量化を図る自動車が、岩のように重いバッテリーを抱えて「フーフー」いっているのはマンガチックかもしれません。まして空を飛ぶ飛行機が岩を抱えているなど、どう考えてもマンガです。

鉛蓄電池の重量問題

◀ガソリン車の鉛蓄電池

ガソリン車のコンパクトカー用バッテリーは約10kgだが、近年人気のSUV用となると20kgを超えるものがざらにある

●有毒性

　もう1つの問題は鉛の有毒性です。鉛は神経毒であることが明らかにされています。若いころは建築家兼音楽家として聡明でならしたローマ皇帝ネロが、後年あのような凶行を働いたのは、鉛入りのワインをガブ飲みしたせいだとの説があります。また、ベートーベンが、後年耳が聞こえなくなったのもワインに鉛を加えて飲んだせいだといわれます。

　また昔の女性が用いた白粉（おしろい）は鉛白、炭酸鉛 $PbCO_3$ が主成分であり、それによってどれだけの遊女、その子供、歌舞伎役者が被害にあったかはよくいわれるところです。

　以前のハンダは鉛とスズの合金でした。しかし現在のEUは鉛入りのハンダを用いた家電製品は輸入禁止にしています。散弾銃の鉛製銃弾も禁止にしようとの動きがあります。

　バッテリーの鉛に手を触れる人はいないでしょうが、これが廃棄されると、廃棄処理の過程で鉛が環境に漏れだす可能性は否定できません。

鉛蓄電池解体などの工程例

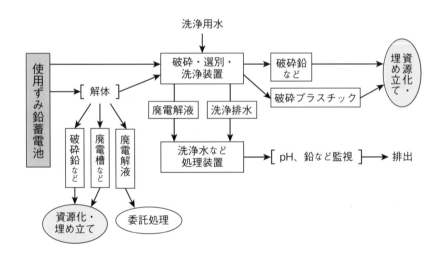

出典：環境省

廃棄された鉛蓄電池を下取りするリサイクル制度は整備されています。鉛・プラスチック・硫酸に分けて処理されますが、硫酸以外は資源として価値が高いために、有価物として取引されます。ただし希硫酸は医薬用外劇物なので、廃棄する際には炭酸水素ナトリウム（重曹）$NaHCO_3$などの中和剤で、適切な処理をすることが義務づけられています。

それにしても、鉛蓄電池が誕生して180年になろうとしています。鉛蓄電池にもそろそろ「オツカレサマデシタ」という時代なのかもしれません。

鉛の有毒性

昔のワインは、ブドウの品質のせいか醸造法のせいかはともかくとして、かなり酸っぱかったようです。ワインの酸味の原因は酒石酸です。この酒石酸に鉛を反応させると酒石酸鉛に変化しますが、この酒石酸鉛はナント甘い物質なのです。

スッパイワインを甘くしたかったら、鉛を加えればよいのです。これは砂糖を加えて甘くするのとはワケが違います。砂糖を加えても、スッパイ酒石酸はそのままです。砂糖でごまかしているだけです。ところが、鉛を加えると、それまで酸っぱかった物質が甘い物質に代わるのです。つまり、スッパイワインほど甘くなる！のです。

ということで、ネロは鉛製の鍋で温めたワイン（ホットワイン？）を好んだといいます。またベートーベンのころの

ヨーロッパでは、ワインに"白い粉"を振って飲む習慣があったといいます。この粉こそはオシロイと同成分の$PbCO_3$だったのです。

遊女は顔だけでなく胸まで白粉で白くしました。ここからオッパイを飲む赤ちゃんは悲劇です。これは遊女だけではありません。当時の大名家の奥向きも華美に流れ、乳母も白粉を塗っていたようです。江戸末期、徳川家はじめ大名家に男児が少なくなったとかいうのもこのせいでは？　という説もあります。

歌舞伎役者はドーランとして白粉を厚塗りしています。明治天皇を前にした天覧歌舞伎舞台で、当時有名だった役者が痙攣を起こして倒れて舞えなくなったのが、鉛製白粉の厳禁に拍車をかけたといいます。

3-3

ニッケル・カドミウム蓄電池

ドライヤーやシェーバーなどの家電製品に組み込まれ、一般に「ニッカド電池」の名前で使われてきた電池は正式名をニッケル・カドミウム蓄電池といいます。

ニッカド電池が開発されたのは1899年のことで100年以上という大変な歴史をもった電池なのですが、実際に広く使われるようなったのは意外に新しく、1960年代からのことです。

▶▶ ニッカド電池の構造と起電機構

図はニッカド電池の構造の模式図です。負極となる金属カドミウムCdと、正極となるオキシ水酸化ニッケルNiOOHが水酸化カリウムKOH水溶液の中に入っています。したがって典型的な湿式電池といえます。

起電機構は次のようになります。

放電時

負極 $Cd \rightarrow Cd^{2+} + 2e^-$

正極 $Ni^{3+} + e^- \rightarrow Ni^{2+}$

オキシ水酸化ニッケル中のニッケルNiは3価のイオンNi^{3+}状態です。放電時の電池の動きはいつものとおりです。つまり負極のカドミウムが電離してイオンCd^{2+}となり。2個の電子を放出します。正極ではこの電子をNi^{3+}が受け取り、還元されてNi^{2+}となります。

これを実際の物質の変化で表すと次のようになります。

負極 $Cd + 2OH^- \leftarrow Cd(OH)_2 + 2e^-$

正極 $NiOOH + H_2O + e^- \leftarrow Ni(OH)_2 + OH^-$

　充電のときにはまったく逆の反応が起きます。すなわち、上の反応の矢印を逆にすればよいだけです。つまり、

負極　$Cd+2OH^- \rightarrow Cd(OH)_2+2e^-$

正極　$NiOOH+H_2O+e^- \rightarrow Ni(OH)_2+OH^-$

ニッカド電池の構造

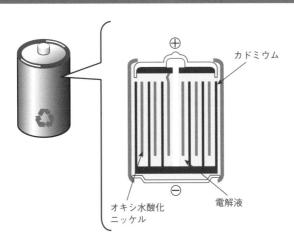

カドミウム

オキシ水酸化
ニッケル

電解液

ニッカド電池の起電機構

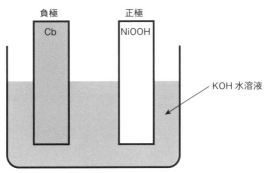

負極　Cb

正極　NiOOH

KOH 水溶液

負極　$Cd + 2OH^- \underset{充電}{\overset{放電}{\rightleftarrows}} Cd(OH)_2 + 2e^-$

正極　$NiOOH + H_2O + e^- \underset{充電}{\overset{放電}{\rightleftarrows}} Ni(OH)_2 + OH^-$

▶▶ ニッカド電池の特徴

　ニッカド電池は高出力なので、ドライヤーやシェーバーなどモーターを使う電気機器に適しています。反面、自然放電が大きいため、時計のように小さい消費電力で長期間稼働させ続ける機器には不向きです。また、一般に広く流通している円筒型ニッケル・カドミウム蓄電池の電圧は1.2V～1.3Vで、同じ形の普通の乾電池（マンガン乾電池、アルカリ乾電池）の定格である1.5Vよりも低いので、それらと単純に入れ替えても正常に動作しない場合があります。

　また、使い始めから放電終止直前までは電圧、電流ともに安定した放電を行いますが、放電終了直前から急激に電圧が下がるという特徴もあります。

▶▶ ニッカド電池の問題点

　ニッカド電池の最大の問題点は負極材料のカドミウムです。これは1960年代に富山県で公害として大問題になった「イタイイタイ病」の原因物質です。このため、廃棄するときには、環境に漏れださないよう、細心の注意を払わなければなりません。また正極材量のニッケルもレアメタルの一種であり、高価格の原因になります。

　そのほかにも、容量が少ないこと、放電が完了しないうちに充電すると、放電容量が小さくなるというメモリー効果が顕著なことなど、管理が面倒なこともあります。しかし、歴史が長く取り扱いのノウハウが豊富であることや、電池が過放電に強くてタフであること、瞬発力が高いこと、また生産コストの面などから、ラジコンなどホビーの分野、電動工具用の蓄電池としていまだ使われ続けています。

ニッカド電池の例

◀ニッカド電池

中国製ニッカド電池。ただニッケル水素二次電池への置き換えが進み、家電店の店頭で見ることはほとんどなくなってきた

イタイイタイ病

「イタイイタイ病」というのは富山県神通川流域に大正時代から発生した奇妙な病気につけられた名前です。患者は農家の中年以上の女性に多く、症状はまず骨が痩せて細くなるといういうものでした。やがて立つのも困難になって床についても、ちょっとした衝撃で骨が折れ、その痛さから「イタイイタイ」ということからこの名前がつけられたという悲惨な病気でした。

しかし医療関係者の努力によって原因がわかりました。それはカドミウム中毒だったのです。なぜそのような中毒が起こったのかというと、大正時代から神通川上流にあたる岐阜県の神岡鉱山で亜鉛Znを採掘していました。その際、副産物としてカドミウムがでたのです。当時カドミウムは用途のない金属だったので、不要のものとして神通川に廃棄されました。それが下流に流れて周辺の土壌に漏れだし、土壌汚染が起こりました。

その結果、農作物がカドミウムで汚染され、それを食べた地域の人の体内にカドミウムが蓄積され、許容量を超えた中年になってから発症したのでした。イタイイタイ病は1978年、日本初の公害として認定されました。しかしカドミウムは現在では電池、半導体、原子炉などに使われる重要な金属となっています。

なお、神岡鉱山の廃坑は素粒子ニュートリノの観測施設「カミオカンデ」として蘇り、2002年には小柴昌俊氏、2015年には梶田隆章氏の、2人のノーベル物理学賞受賞者を生みだしました。現在は2代目の「スーパーカミオカンデ」が稼働中ですが、2027年には3代目となる「ハイパーカミオカンデ」が稼働予定となっているので、また新たな受賞者を生みだすかもしれません。

第3章 二次電池の原理と仕組み

カドミウム平均摂取量の割合

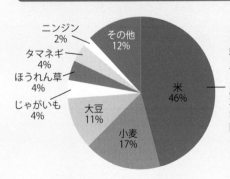

稲作で作られる米は、土壌からカドミウムを吸収しやすく、このため富山県神通川流域では、農業に携わっていた家の人々が次々にイタイイタイ病にかかっていった。なお現在ではカドミウム低吸収性品種が開発され、切り替えも進んでいる

出典：農林水産省

COLUMN

レアメタル

　現代科学産業に欠かせない重要な金属として指定された47種類の元素をいいます。その条件は
①地殻中に少ない
②産出地が特定国に偏っている
③単離精製が困難
ということで、この3条件のうち、1つにでも当てはまればレアメタルと認定されます。

　もっとも問題なのは②で、現代の電池に欠かせない金属であるリチウムは、オーストラリア、チリ、アルゼンチンの3国だけで世界総生産量の77%を占めています。しかし日本では産出されません。

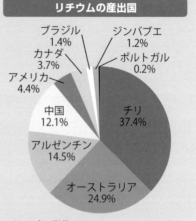

リチウムの産出国

ブラジル 1.4%　ジンバブエ 1.2%
カナダ 3.7%　ポルトガル 0.2%
アメリカ 4.4%
中国 12.1%
アルゼンチン 14.5%
オーストラリア 24.9%
チリ 37.4%

※2023年、単位1,000トン
※出典：United States Geological Survey

▼チリのアタカマ塩湖

リチウムの世界最大の宝庫として知られるチリのアタカマ塩湖。現在、持続可能なリチウム採掘を目指し、複数の企業が協力して計画策定に取り組んでいる（出典：Wikipedia）

3-4

ニッケル水素二次電池

ニッカド電池に代わって登場したのがニッケル水素電池です。現在、充電可能な乾電池として利用されている電池のほとんどが、このニッケル水素電池になっています。

ニッケル水素電池は1970年代に、高出力、高容量、長寿命の人工衛星用バッテリーとして開発が進められた電池です。最初に使用されたのは1977年に打ち上げられたアメリカ海軍の航法衛星でした。

当初は、水素はタンクに圧縮されたかたちで貯蔵されていました。しかしその後、水素吸蔵合金に吸蔵させる方式が開発され、現在ではこの形式が主流となっています。

▶▶ ニッケル水素電池の構造と起電機構

ニッケル水素電池の構造は基本的にニッカド電池と同じです。ニッカド電池のカドミウム電極を水素吸蔵合金電極に換えただけです。

ニッケル水素電池の構造

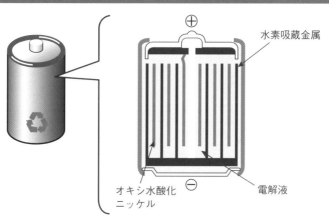

負極　$MH + OH^- \rightleftarrows M + H_2O + e^-$

正極　$NiOOH + H_2O + e^- \rightleftarrows Ni(OH)_2 + OH^-$

起電機構も同じようなものです。

放電時→、充電時←
負極　MH　⇄　MH⁺+e⁻
正極　Ni³⁺+e⁻　⇄　Ni²⁺

充電のときにはまったく反対の反応が起きて放電前の状態に戻ることになります。ここでMHは水素吸蔵合金Mに吸着された水素Hを表します。つまり、水素が電離して水素イオンH⁺と電子になります。ニッケルの変化はニッカド電池と同じです。

物質変化まで含めた式は次のようになります。

負極　MH+OH⁻　⇄　M+H₂O+e⁻　（1）
正極　NiOOH+H₂O+e⁻　⇄　Ni(OH)₂+OH⁻（2）

負極の反応式の右辺にM+H₂Oとあるのは、水素吸蔵合金に吸蔵された水素がOH原子団と反応して金属Mと水に分離したことを表します。

ニッケル水素電池の反応イメージ

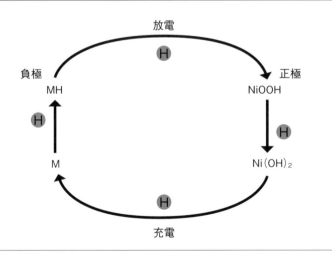

すなわち放電のときには、水素Hは水素吸蔵金属から放出されたかたちで反応し、充電のときにはまた吸蔵合金に戻ります。

ここで式1とをあわせると、

$$MH + NiOOH \quad \rightleftarrows \quad M + Ni(OH)_2$$

という式がでてきます。

この式を見ると水素Hは負極MHと正極NiOOHの間を移動しているだけと見ることができることがわかります。

COLUMN 水素吸蔵合金

固体金属はすべて結晶であり、球状の金属原子が三次元にわたって規則正しく積み重なったものです。その様子はリンゴがリンゴ箱にきちんと詰め込まれた状態に例えることができるでしょう。しかし、箱に球を詰めた場合、どんなに詰め込んでも球と球の間に隙間が空き、それは最低でも箱の空間の24%にもなることが計算でわかります。

この隙間にリンゴと同じ大きさの球をさらに詰め込むことはできない相談ですが、小さい球である豆や米だったら入れることができます。同じ原理で、金属原子に比べて直径の小さな水素原子だったら豆と同じように金属結晶の中に入ることができます。これが水素吸蔵合金の原理です。

マグネシウムは自重の7.6%の重さの水素ガス、パラジウムは自体積の935倍の体積の水素を急増させることができます。

水素吸蔵合金を使用した製品例

◀FDKの「HR-AATEZ」

FDKが2024年4月から量産出荷を開始した、水素吸蔵合金を材料に使用したニッケル水素電池「HR-AATEZ」。eCall、トラッキング、カーアラーム、ドライブレコーダーなど、車載アクセサリー機器での用途に適しているとしている
（出典：FDKプレスリリース）

リチウム金属二次電池

高性能が見込まれて開発研究が行われたものの、危険性でこれまで普及しなかった二次電池があります。それがリチウム金属二次電池です。

▶▶ 属イオン

現在、パソコン、スマートフォン、航空機など最新機器に用いられているリチウムイオン二次電池は大容量、高出力の優れた二次電池ですが、容量に対する要求は高まるばかりです。そのためより多くのリチウムイオンを蓄えることのできる電極材料の開発・研究が進められています。その極限といえるものが、あとに見るようにリチウムイオン Li^+ を適当な容器（適当な結晶格子）に入れて使う現在のリチウムイオン二次電池でなく、金属リチウム Li そのものを使うリチウム金属二次電池です。

金属リチウム-空気電池は金属リチウムを負極とした電池であり、金属リチウム Li から電子が放出され、正極で空気中の酸素 O_2 を還元することによって電流を発生します。金属リチウムそのものを電極とすると電極におけるリチウム濃度は最大限に大きくなり、同じ体積なら大容量が稼げます。すなわち、軽量・小体積の電池ができるのです。

▶▶ 問題点

しかし金属リチウムを電極として使うと大きな問題が生じます。それは電極にリチウム金属の樹状結晶が生成することです。金属リチウムを電極として使用すると、放電時にはリチウムが溶けだし、逆に充電時には溶けているリチウムイオンがそのまま金属として析出してきます。このときに析出するリチウム金属が、なんと非常に鋭い棘のような樹状結晶になるのです。

樹状結晶は電池の正極と負極を隔離するセパレータを突き破ってしまいます。これは短絡、ショートを意味します。電池の電極がショートしたら大変です。当然のこととして火花が飛びます。つまり、電池の発火、さらには爆発です。これは金属リチウム電池のような高エネルギー密度の電池においては致命的です。この問題を解決できないかぎり、リチウム金属二次電池を実用化することはできません。

　金属リチウム電池は1980年代後半に一度、市場投入され、当時の携帯電話に搭載されました。ただしこのときは、充放電時の負極の溶解・析出の不安定さに起因した発火事故を起こした結果、携帯電話はリコールとなりました。炭素負極を採用した新たなリチウムイオン電池が登場したこともあり、リチウム金属電池の普及は遠のき、研究開発も下火となりました。

　火災の原因となった技術課題を完全に克服することは難しいです。それでも研究者やスタートアップの経営者は技術アプローチの選択肢が増えていると意気軒高です。

▶▶ 解決法

　この問題を解決するには2つの方法が考えられます。1つはセパレータとして非常に堅い物質、たとえばケブラーなどの硬い高分子、あるいは電解質をセラミックスのような固体に変えることです。そしてもう1つは、そもそも樹状突起が生成しないようにすることです。そのために考えられているのがリチウムよりイオン化しやすい金属、たとえばセシウム Cs を混ぜることです。すると、樹状突起のところにLi$^+$ と Cs^{2+} が寄ってきますが、Cs^{2+} は金属になりにくいので陽イオン Cs^{2+} のままとどまり、その静電反発のため、さらに Li$^+$ が近寄るのを妨げることになります。

　まだ実現はしていませんが、幻の高機能二次電池、リチウム金属二次電池が実用化されるのも近いかもしれません。

昔のリチウム金属二次電池

◀リチウム金属二次電池

アメリカ製リチウム金属二次電池
（出典：Wikipedia）

▶▶ リチウム金属電池の現在

　リチウム金属二次電池は最近、大きな変革を遂げようとしています。ここではいくつかの例を紹介しましょう。

●エンパワージャパンの例

　アメリカの電池スタートアップの日本法人エンパワージャパンは、重量あたりの蓄電容量がリチウムイオン電池の2倍となるリチウム金属電池を試作しました。

　リチウム金属電池の負極は溶解と析出を繰り返すうちにいびつなかたちとなり、劣化してしまいます。エンパワージャパンは負極の界面に特殊な膜を設けたうえで、電解液の一部を固体化する「半固体」と呼ばれる手法によって改善しました。同社では「既存電池の設備を転用できるなど利点は多く、全固体電池の実用化後も需要があり続けるだろう」と見ています。

　この電池の特徴は、現状のリチウムイオン電池の負極に使われる黒鉛をリチウム金属に置き換えたことです。もっとも重い黒鉛が不要になることから重量あたりの蓄電容量を高めることができます。充放電の上限回数は現状ではリチウムイオン電池の10分の1程度と実用化に向けて課題が残るものの、軽いという性能から注目されています。

　同社はHAPSを手がけるソフトバンクと組み、成層圏のような過酷環境での耐性を調べ、2023年度末までに国内初のリチウム金属電池の量産工場を横浜市で稼働させる計画といいます。

最新のリチウム金属電池の例（1）

◀円筒型リチウム金属電池

2022年11月にエンパワージャパンが開発した容量4095mAhの18650円筒形リチウム金属電池。2023年9月には神奈川県横浜市金沢区にリチウム金属電池の試作工場を整備することも発表した
（出典：Enpower Japan プレスリリース）

●その他の例

　スウェーデンの電池メーカー、ノースボルトも4月、リチウム金属電池を航空向けで実用化する方針を発表しました。電動航空機用の電池パックやモジュールを開発し、安全性のテストを実施しています。

　日本ではパナソニックホールディングスが研究開発を進めています。同社の電池開発者は、「高容量なので必要な活物質量も少なくなり、資源問題にも貢献する」とそのメリットを強調しています。

　アルバックはさらなる軽量化に取り組んでいます。負極材となるリチウム膜を成形するための装置を開発中なのです。従来の機械的に引き延ばす圧延では20マイクロメートル程度が限度でしたが、「真空蒸着」という手法で、1～10マイクロメートルの厚さを目指すといいます。

　アルバックの装置で作ったリチウム金属を負極に採用した電池を早稲田大学が作製したところ、エンパワーの試作品よりも約5パーセント、エネルギー密度を高めることに成功したそうです。

　すべての電力を放電したとき、負極になにも存在しない「アノード（負極）フリー電池」の実用化を目指す企業もあります。充放電反応に必要な最小限のリチウムしか使わないのです。アメリカのスタートアップ、クアンタムスケープが先行開発していますが、負極の加工コストが減り、製造コストを大幅に抑えることができるそうです。

最新のリチウム金属電池の例（2）

◀薄型リチウム金属電池

ノースボルトが航空機やドローンでの利用を目指して開発を進めている次世代のリチウム金属電池
（出典：northvolt公式Web）

▶▶ ふくらむ期待

　金属リチウム電池に期待が寄せられる背景にはドローンの普及があります。超小型軽量のドローンは偵察、撮影用ばかりではなく、次世代の物流を担う手段としても期待されています。ドローンの動力を担うものは電池エネルギーです。エンジンも可能ですが、炭素フリーを目指す現状からいって、エンジンを用いるのは時代に逆行するといわれるでしょう。

　ドローンに大きな浮揚力、推進力はありません。このようなドローンにもし、鉛蓄電池などを搭載したら、蓄電池を運ぶだけで手一杯で、貨物を運ぶ余裕などなくなるでしょう。ドローンが運搬手段として活躍することができるかどうかは小型軽量の二次電池が開発できるかどうかにかかっているといっても過言ではないでしょう。

　ドローンだけではありません。「空飛ぶクルマ」も実用化されそうな勢いです。「空飛ぶクルマ」の市場規模が2050年に世界で180兆円を超えるとする予測もでています。リチウム金属電池も比例して需要が急増する可能性があります。

　「自動車」用二次電池の全固体電池が完成するのは近い将来に差し迫っています。次に電池が進むのは「ドローン」「空飛ぶクルマ」用の金属リチウム電池の完成ではないでしょうか？

次世代電池の活用例

◀空飛ぶクルマ「Volocity」

2025年の大阪・関西万博では、複数の空飛ぶクルマ（eVTOL）が出展される予定になっている。商用運航にはバッテリーの進化＆軽量化が重要になっており、金属リチウム電池にもその期待がかかっている。なお写真はJALがドイツのVolocopter社と共同で運航する予定の「VoloCity」
（出典：Volocopter公式Web）

第4章

リチウムイオン二次電池

リチウムイオン二次電池は現代最高の二次電池です。充放電サイクル数は多く、自己放電率は低いです。そのうえ、小形で軽量です。しかし欠点もあります。それは、発火、爆発の危険性があるということです。これでは安心して使うことはできません。

4-1

リチウムイオン二次電池の原理と仕組み

現代社会に欠かせない化学電池の代表格がリチウムイオン二次電池です。まずはこの電池の原理やメリット・デメリットを知っておきましょう。

リチウムイオン二次電池は現代最強・最高の電池といってよいような電池です。小型で軽く、そのうえ大容量で高電圧です。現代の最先端をいく電子機器、スマートフォンやノートパソコンの電源はもちろん、最先端の大型旅客機であるボーイング787にも使われています。逆にいうとリチウムイオン電池の登場がこれら最先端電子機器の登場を可能にしたといえるかもしれません。それほど、リチウムイオン電池は強力で有用な電池なのです。

こういうと、リチウムイオン二次電池は現代を担う電池であり、次世代のための電池ではないように聞こえるかもしれません。しかし、リチウムイオン二次電池も万全、文句なしの電池というわけではありません。残念ながらこの電池は決定的な弱点を抱えています。この弱点を克服しないかぎり、「現代を担う」と宣言することはできないでしょう。そしてこの問題を克服したとき、リチウムイオン二次電池は最強の電池となるでしょう。その意味でリチウムイオン二次電池を次世代電池と分類したのです。

リチウムイオン二次電池の活用例

◀リチウムイオン二次電池

スマートフォンに搭載されたリチウムイオン二次電池。1987年にNTTから発売された日本初の携帯電話「TZ-802型」は単3型のニッカド電池を6本使っていたため重さは約900gあったが、現在のスマートフォンには200g未満の製品が多数ある

▶▶ リチウムイオン二次電池の構造

　リチウムイオン二次電池は負極と正極の間をリチウムイオンLi⁺が移動することによって起電、充電する電池です。前章で見たニッケル水素二次電池が水素イオンH⁺の移動で放電・充電を行っていたのと同じ原理です。リチウムLiは原子番号3で、原子番号1で最少の原子である水素と大差ありません。そのため、リチウムイオンも非常に小さく、その直径は水素原子の2倍ほどしかありません。

　電池の構造は図のようなものです。負極はリチウム原子を貯蔵する炭素化合物Cであり、正極はリチウムイオンを貯蔵する結晶、コバルト酸リチウム$LiCoO_2$です。

　リチウムを貯蔵する炭素というのは要するにリチウム原子の容器ですが、原子レベルで見ると多孔質で、リチウム原子をたくさん収納できる黒鉛（グラファイト）などが用いられます。グラファイトは6個の炭素からできた6員環構造が無限に連続した、まるで鳥カゴの金網を何枚も重ねたような構造物なので、一般にC_6と書かれます。

リチウムイオン二次電池の構造

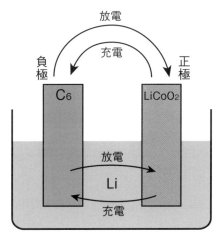

$$負極\quad C_6Li \rightleftharpoons C_6 + Li^+ + e^-$$

$$正極\quad CoO_2 + Li^+ + e^- \rightleftharpoons LiCoO_2$$

　一方、正極のコバルト酸リチウム$LiCoO_2$は化合物の結晶ですが、この結晶は変わっており、結晶構造を保ったままリチウム原子を抜きだすことができます。つまりこれもリチウム原子の容器になれるわけです。

　電解液には炭酸ジメチル、炭酸エチレン、炭酸プロピレンなどの有機溶媒が用いられます。いずれも分子内に数個の酸素原子を含む化合物であることに注意してください。

▶▶ リチウムイオン二次電池の起電・充電機構

　この電池の化学反応は単純です。問題は$LiCoO_2$結晶中のリチウム原子が何個抜けだすか、です。多くの解説書では一般化してx個抜けだすとして説明してありますが、慣れない方はそれではわかりにくいでしょう。本書では簡単化して、すべてのリチウム原子が抜けだしたものとして見てみましょう。つまりリチウム原子の詰まった状態が$LiCoO_2$であり、リチウム原子が抜けでた状態がCoO_2であるということです。

　このようにすると反応式はあっけないほど単純になります。つまり

負極　$C_6Li \rightleftarrows C_6 + Li^+ + e^-$

正極　$CoO_2 + Li^+ + e^- \rightleftarrows LiCoO_2$

　放電反応では負極のC_6から金属リチウムLiが抜けだして電離し、リチウムイオンLi^+と電子e^-になります。e^-は外部回路（導線）を通って正極に移動し、これが電流となります。一方、リチウムイオンLi^+は電解液中を通って正極に移動し、分かれて到着したe^-と合体して中性の金属リチウムとなってコバルト酸リチウムの結晶に潜り込みます。

　これは放電・充電を通じてリチウムイオンLi^+が正極と負極の間を往復しているだけであり、先に見たニッケル水素二次電池における水素イオンH^+と同じ役割を演じていることがわかります。

4-2

リチウムイオン二次電池の材料

リチウムイオン二次電池にはいろいろな材料が使われています。その材料を見てみましょう。

▶▶ 負極材料

炭素系の材料が一般的であり、おもにグラファイト（黒鉛）C_6が使用されていますが、チタン酸リチウム$Li_4Ti_5O_{12}$を用いた商品もあります。これはコバルト酸リチウムと同様に、リチウムを出し入れすることができる結晶です。

▶▶ 正極材料

現在使われているものはコバルト酸リチウム$LiCoO_2$が主ですが、ほかにコバルトCoをニッケルNi、マンガンMnなどに置き換えた化合物も用いられることがあります。

リチウムイオン二次電池の負極材料と正極材料

負極材料	平均電圧
黒鉛 (LiC_6)	$0.1 \sim 0.2V$
チタン酸リチウム	$1.5V$
Si ($Li_{4.4}Si$)	$0.5 \sim 1.0V$
Ge ($Li_{4.4}Ge$)	$0.7 \sim 1.2V$

正極	平均電圧
$LiCoO_2$	$3.7V$
$LiFePO_4$	$3.3V$
$LiMn_2O_4$	$4.0V$
$LiNiO_2$	$3.5V$
$LI(Ni_{1/3}Mn_{1/3}Co_{1/3})O_2$	$3.6V$

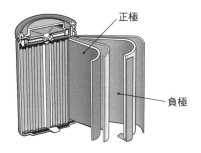

正極

負極

●電解質

　リチウムは反応制の激しい原子であり、水に触れると激しく発熱して水素ガスを発生し、それに火がついて爆発します。そのため電解液に水を用いることはできません。電解液は一般に、上で見た含酸素有機溶媒1Lにリチウム塩として$LiPF_6$、$LiBF_4$、$LiClO_4$などを1モル程度溶解させた有機電解液が用いられています。

　このほかに液体でなくゼリー状の高分子（ポリマー、プラスチック）を用いたリチウムポリマー電池もあります。薄くて軽く、形状が自由になるなどの利点はありますが、電池としての性能は若干落ちるようです。

●セパレータ

　電池の正極部分と負極部分を分ける膜をセパレータといいます。ポリエチレンやポリプロピレンなどのプラスチックからできた、厚さ25マイクロメートルほどの膜に直径1マイクロメートル以下の小さな穴を空けたものが用いられます。

電池材料事業の参入例

▼チタンニオブ複合酸化物

　リチウムイオン電池市場のさらなる成長を見込み、クボタは2023年5月に電池材料事業に参入することを発表した。2024年末から負極材料であるチタンニオブ複合酸化物（右）を、兵庫県尼崎市の阪神工場尼崎事業所で月産50トン生産。これを2030年までに5倍以上に増やすという
（出典：クボタプレスリリース）

4-3

リチウムイオン二次電池の
発火問題

先に見た、現在のリチウムイオン二次電池が抱える重大欠陥というのは、この電池には発火、爆発の危険性がつきまとうということです。

アメリカのボーイング社が誇る最新鋭大型ジェット旅客機ボーイング787が就航した当時、電気系統のトラブルで出発空港に戻るという事故が繰り返し起こりました。この事故はすべてリチウムイオン二次電池からの出火でした。それ以前にも、ノートパソコンに使われたリチウムイオン二次電池からの出火が起き、使用者が担いでいるパソコン入りのバックパックから火がでたなどの事故が相次ぎ、製造会社は数百億円に上る損失をだしたといいます。

リチウムイオン二次電池の発火例

◀ボーイング787用
リチウムイオン二次電池

2013年に起こったボーイング787の出火事故で回収されたリチウムイオン二次電池（左下は発火前のもの）。この事故により全世界でエアライン8社約50機（うちJALが7機、ANAが17機）の787が運航を見合わせる事態となった（出典：Wikipedia）

　この原稿を書いている2024年2月6日にも東京山手線内の乗客のスマートフォンが突如燃え上がるという事故が起こりました。幸いにもケガ人はでませんでしたが現場は一時騒然としたといいます。これもリチウムイオン電池が原因になった事故でした。もし、携帯電話をかけているときに突如燃え上がったらどうなるでしょう？　電話をかけていた人は目元、耳元で起こった火事にパニックになるのではないでしょうか？　火傷はまぬかれないでしょう。

▶▶ 発火の原因

　発火の原因にはいくつか考えられます。

●無理な充電によってショートが起こる

　急速あるいは過度に充電すると、正極側では電解液の酸化、結晶構造の破壊により発熱し、負極側では金属リチウムが析出する可能性があります。金属リチウムの結晶は鋭い先端をもった樹状であり、セパレータの膜を突き破ることがあります。そうすると正負両極が直接つながり、回路がショートし、最悪の場合は破裂・発火する可能性があるのです。

●有機溶剤が揮発する可能性がある

　有機溶剤の電解液が揮発してなくなったり、電池容器の衝撃による破壊など外部的な損傷によって電解液が漏えいしたりする可能性があります。この場合、発火事故を起こす恐れがあります。そのため、外部衝撃に対する保護が必要となります。

▶▶ 火災の原因

　火災の大きな原因となっているのが電解液です。有機溶媒が燃えるのは宿命です。しかも現在用いられているのは炭酸系で分子内に酸素を3個ももっています。ショートによって火花が散ったら、それに引火して有機溶媒が燃え上がるのは当然の帰結です。このようなことでリチウムイオン二次電池は常に火災の危険性をはらんでいるといってよい状態なのです。

リチウムイオン二次電池関連火災状況（直近6年）

年別	火災件数	場所			死者	負傷者
		建物	車両	その他		
平成29年	56件	47件	7件	2件	−	4人
平成30年	82件	69件	6件	7件	−	10人
令和元年	102件	95件	2件	5件	−	12人
令和2年	105件	94件	5件	6件	−	22人
令和3年	141件	124件	6件	11件	−	30人
令和4年	150件	124件	10件	16件	1人	42人

出典：東京消防庁（東京都データ）

製品用途別の出火要因（直近6年）

年別	火災件数	モバイルバッテリー	携帯電話・スマートフォン	ノートパソコン	ポータブル電源	電動工具
平成29年	56件	103件	67件	39件	9件	28件
平成30年	82件	11件	8件	9件	1件	−
令和元年	102件	26件	10件	6件	−	4件
令和2年	105件	23件	11件	12件	−	3件
令和3年	141件	20件	20件	6件	2件	7件
令和4年	150件	35件	16件	6件	7件	12件

年別	火災件数	玩具	掃除機	電動アシスト自電車	その他
平成29年	56件	37件	19件	21件	162件
平成30年	82件	4件	−	2件	21件
令和元年	102件	2件	5件	2件	27件
令和2年	105件	12件	2件	7件	32件
令和3年	141件	6件	2件	3件	38件
令和4年	150件	−	13件	12件	19件

出典：東京消防庁（東京都データ）

電解液の有機溶媒

炭酸ジメチル　　　　　炭酸エチレン

炭酸プロピレン

二次電池の性能の比較

いくつかの二次電池を見てきましたが、それぞれの性能はどうなっているので
しょうか？　二次電池の性能を比較してみましょう。

下の表は現代の代表的な二次電池4種の性能を比較したものです。すべての面で
リチウムイオン電池が優れた性能をもっていることがわかります。

▶▶ 充放電サイクル回数

実用的な支障のない範囲で何回放電、充電を繰り返すことができるか、という回
数です。鉛蓄電池は歴史的な強みを誇っていますが、リチウムイオン電池はその2
倍以上の能力をもっていることがわかります。

▶▶ 自己放電率

無駄に放電する電力を表します。これは鉛蓄電池がもっとも優れています。リチ
ウムイオン二次電池は鉛蓄電池の2倍も放電しています。リチウムイオン二次電池
のいっそうの改良が待たれるところです。

各種電池の性能比較			
	充放電 サイクル数 （回）	エネルギーコスト （Wh/US＄）	自己放電率（％）
鉛電池	500～800	5～8	3～4
ニッカド電池	1500	－	20
ニッケル水素電池	1000	1.37	20
リチウムイオン電池	1200～2000	0.7～5.0	5～10

▶▶ エネルギー密度

電池の重量あたり（重量エネルギー密度）と体積あたり（体積エネルギー密度）の問題です。前者が小さいということは電池が軽いということであり、後者が小さいことは電池が小さいということです。どちらも小さいに越したことはありません。

図はリチウムイオン二次電池がどちらにも圧倒的に優れていることを示しています。要するにリチウムイオン二次電池は軽くて小さいということです。それにしても鉛蓄電池の重くて大きいというのは驚くばかりです。このような蓄電池がいまだもって車載バッテリーの大部分を占めているというのは、その実績に対する信頼性がいかに高いかということを示すものでしょう。

各種電池のエネルギー密度

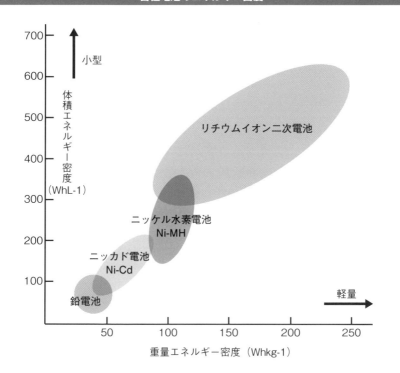

▶▶ エネルギーコスト

　一定電力（1Wh）を得るために要するコストです。要するにコストパフォーマンスが高いのはどれか？　という問題です。リチウムイオン電池は鉛蓄電池の10倍ほどになっています。鉛蓄電池が今もって広く使われている理由がわかります。

　とはいうものの、ここにはレアメタルとしてのリチウムの価格変動が大きく響いてきます。リチウム価格が高騰すると、リチウムイオン電池の発電コストはますます高くなるでしょう。

　日本でリチウムを用いた電池を作る場合、どのような構造の電池にしろ、重要原料のリチウムは輸入に頼る以外ありません。それは資源貧乏国の宿命です。今さら嘆いてもどうにもなりません。リチウム以外の素材を用いた高性能二次電池を自力で開発したいものです。

▶▶ 安全性

　リチウムイオン電池についてまわるのは安全性の問題です。発火の危険性が繰り返し指摘され、実際に発火例が繰り返し起こっています。この問題が完全に解決されないかぎり、リチウムイオン電池は現代社会を支える電池と胸をはることはできないでしょう。

　そのための解決策として現在、世界中の自動車産業と電池産業が努力しているのが次章で見る全固体電池の開発です。開発は順調に進み、近年中に量産、市販されそうです。そうなったら発火の危険性はほぼ解消するでしょう。リチウムイオン二次電池は完成の域に達したと宣言できるかもしれません。

4-5

二次電池になれる電池・なれない電池

一次電池と二次電池の違いをもう少しくわしく見てみましょう。そうすると、二次電池になれる電池となれない電池があることがわかります。

金属の酸化還元反応はすべて可逆反応です。

$$M \rightleftarrows M^{n+}+ne^-$$

電池の反応は基本的に酸化・還元反応です。だったら、放電反応とその逆反応の充電反応はいつでも起こりえるはずで、すべての電池は二次電池になることができそうに思えます。ところが電池には一次電池と二次電池があります。

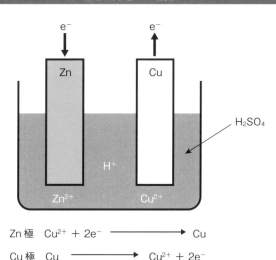

ボルタ電池を充電した場合

Zn極 $Cu^{2+} + 2e^- \longrightarrow Cu$

Cu極 $Cu \longrightarrow Cu^{2+} + 2e^-$

Zn極が銅メッキされる

　二次電池は放電も充電もできますが、一次電池は放電しかできません。一次電池と二次電池の違いはどこにあるのでしょう？　いくつかの電池で考えてみましょう。

▶▶ ボルタ電池の充電

　化学電池のなかでもっとも単純な電池はボルタ電池です。ボルタ電池に充電したらどうなるかを考えてみましょう。ボルタ電池の放電では負極の亜鉛Znから電子が出発し、正極の銅Cuに達します。充電、つまりこれと逆の電流を流すには、電子をCuからZnに流せばよいことになります。つまり乾電池の正極（陽極）を銅につなぎ、乾電池の負極（陰極）を亜鉛につなぐのです。

●電気メッキ

　この操作は充電といいますが、ボルタ電池においてこの操作を行うことは、電気メッキそのものです。電気メッキでは陽極の金属が陰極の金属に移動してメッキされます。ボルタ電池の充電の場合にも正極では銅Cuが電子を正極に渡して銅イオンCu^{2+}として溶けだします。そして銅イオンは負極から電子を受け取って還元され、金属銅となって亜鉛表面に付着する、つまり亜鉛が銅でメッキされます。

　これでは、もとの状態、つまり放電前に戻ったことにはなりません。つまり、ボルタ電池は充電不可能なのです。このようなことから、ボルタ電池は二次電池にはなりえないことになります。

●イオン化傾向

　もう少しくわしく見てみましょう。充電を始めるとボルタ電池の電解液の中には、放電によって発生した亜鉛イオンZn^{2+}、充電によって生じた銅イオンCu^{2+}、それと硫酸からきたH^+の3種の陽イオンが存在することになります。ここに負極から電子がきたら、その電子を受け取って還元されるのはこの3種の陽イオンのうちのどれでしょうか？

　イオン化傾向のもっとも小さいのはCu^{2+}です。つまり、負極の亜鉛が銅メッキされることになるのです。このようにボルタ電池を充電しようとしても、実際に起こるのは電気メッキであり、充電にはなりません。

ダニエル電池

　ダニエル電池の最大の特徴は、電池容器が負極（亜鉛）室と正極（銅）室の二室に仕切られ、それぞれに異なった電解質、すなわち硫酸亜鉛 $ZnSO_4$ 水溶液と硫酸銅 $CuSO_4$ 水溶液が入っていることです。

　これに充電してみましょう。負極では亜鉛極から電子が溶液中に流れだします。溶液中にあるのは亜鉛イオン Zn^{2+} と水からきた H^+ です。この場合、問題になるのは両者のイオン化傾向です。イオン化傾向から考えたら、イオン化傾向の小さい H^+ が電子を受け取って還元されて水素ガス H_2 が発生するものと考えられます。

　しかし実際には、H^+ は過電圧の関係で亜鉛の表面では発生しにくくなっています。そのため実際には、H^+ でなく Zn^{2+} が還元され、亜鉛が金属として亜鉛極にメッキされます。一方、正極では金属銅 Cu が電子を銅極に渡して銅イオン Cu^{2+} として溶けだしてゆきます。

　つまり、充電操作によって放電前の状態に戻るのです。これはダニエル電池が二次電池であることを示すものです。しかし、ダニエル電池には塩橋があり、これを通じてイオンが流通できます。つまり、銅極から銅イオンが流れ込み、亜鉛極にメッキされる可能性もあるわけで、完全にもとの状態に戻るわけではありません。

ダニエル電池を充電した場合

Zn極　$Zn^{2+} + 2e^- \longrightarrow Zn$
Cu極　$Cu \longrightarrow Cu^{2+} + 2e^-$
二次電池可能

　したがって、ダニエル電池は、充電はされるが、実用的な二次電池にはなれない、ということになります。

▶▶ 乾電池

　乾電池では2つの電極を囲む電解質がセパレータで分離されていますが、イオンの流通は可能です。したがって本質的にダニエル電池と同じ結果になります。つまり、数回は充電できるかもしれませんが、繰り返すうちに問題が起きます。また充電する電圧が高いと水素の過電圧を越えてしまい、この場合には水素が還元されて水素ガスとなります。乾電池の密閉容器の中で水素ガスが発生したら破裂、パンクです。乾電池の亜鉛容器が破れ散り、中身が噴出します。

　乾電池の充電器なるものが市販されているようですが、注意書きに液漏れとかパンクとか、事故につながる恐れがあると警告されているといいます。怪しげなものは使わないほうが無難ということでしょう。

乾電池が抱える問題

◀液漏れした乾電池

乾電池を長く放置するとまれに起こる液漏れ。当然、使用することはできない（出典：Wikipedia）

過電圧

　水の電気分解で水素を発生させるには一定の電圧が必要です。この電圧は化学熱力学によって理論的に計算することができます。

　しかし、実際に実験を行うと、この電圧より高い電圧をかけないと水素は発生しません。この理論電圧と実験電圧の差を水素過電圧といいます。

　水素過電圧は反応条件によって異なり、特に電極材料が大きく影響します。亜鉛は大きく、白金Ptやパラジウムでは小さいです。このため、亜鉛電極では水素が発生する前に亜鉛が析出してしまうのです。

第 **5** 章

全固体電池

現在のリチウムイオン二次電池が発火、爆発、火災の可能性という欠陥をもつのは、電解質が可燃性の有機溶媒であるからです。全固体電池は、この液体電解質を固体に変えてしまおうという画期的なアイデアによるものです。全固体電解質が完成したら、すべての電池が全固体型になるかもしれません。

全固体電池開発の歴史

現在、日本の自動車産業の行く末を左右するものとして、全固体電池への期待が高まっています。その歴史を簡単に振り返ってみましょう。

世界初の化学電池が開発されたのは今から220年以上前の1800年にできたボルタ電池でした。しかし、実用的な化学電池である、ダニエル電池が発明されたのはそれから40年ほど経った1836年です。さらに充電可能な二次電池（蓄電池）が発明されたのは1859年ですから、電池が使われだしてからわずか20年ほどあと、ということになります。

▶▶ ボルタ電池から乾電池

以来、普通の電池（充電できない一次電池）と（充電できる）二次電池とは手を携えるようにして発展してきました。しかし、なんとしても困るのは、電池にはイオンの通り道である電解質という「液体」がついてまわるということでした。液体は運搬にも貯蔵にも手がかかり、暑ければ蒸発し、寒ければ凍結しますし、成分が分解することもあります。そのうえ、液漏れ、容器破損などとなにかと問題を起こす困りものです。

この液体電解質をどうにかすることはできないか、ということで考案されたのが乾電池でした。乾電池のアイデアは単純なものです。乾電池の電解質は液体を固体に吸着させただけのものであり、本質的には液体です。したがって乾電池の電解質は固体電解質といわれるようなものではありません。

しかし明治時代の日本人（P.29参照）が考えだしたこのアイデアが乾電池となって開花し、のちの人々にどれだけの利便性を与えてくれたかはあらためていうまでもないことです。

▶▶ 固体二次電池

　このように、従来の電池は一次電池と二次電池を問わず、電解質が液体であり、液体固有の問題がつきまとってきました。著者が子供だった1950年代でも、当時の壁かけ電話に使われていた電池はガラス容器に入った液体電池であり、時おり電話局の人が電解液の交換に家にきていたものでした。このような電解質を固体にして、電池全体を固体にすることは研究者にとって長年の夢であり、課題でもありました。

　その際のいちばんの問題は電解質のイオン伝導性で、固体でイオン伝導性の高い物質が開発できないということでした。1831年ごろに、マイケル・ファラデーが硫化銀とフッ化鉛が固体電解質としての機能があることを発見しましたが、その後の発展はありませんでした。

　しかし近年、電気自動車の普及とともに各国で固体電池の要望が高まり、それにともなって固体電解質の開発が活発化しています。最近では固体電解質、さらには固体電池の実用化のために、自動車メーカーや電機メーカーが積極的に研究に投資するようになりました。

全固体電池の特徴とメリット

特徴	
エネルギー密度が高い	・高電圧/高容量の物質が選択可能 ・電池構造や製造プロセスの自由度が向上
化学反応が安定している	・電解質の熱安定性があり、高温での動作が可能
電解質のイオン伝導性が高い	・レスポンスのよい出力 ・数分で80～90%充電する超急速充電が可能
メリット	
航続距離を長くできる →航続距離1.5～2倍	・大容量バッテリーを積載可能 ・安全機構や冷却機構の簡略化による軽量化
より安く提供できる	・高いエネルギー密度でエネルギー単価が下がる
車内スペースにゆとりがでる	・高いエネルギー密度でコンパクト化が可能
動力性能を改善できる	・イオン伝導性向上ですばやい立ち上がり
充電時間を短縮できる	・伝導率と熱耐久性向上で従来を上回る急速充電が可能

近年の発展

1950年代後半になると、いくつかの電気化学システムで銀イオンAg^+を用いた固体電解質が採用されるようになりました。しかし、エネルギー密度や起電圧が低く、内部抵抗が高いなど課題は大きく、思ったほどの成果は得られませんでした。

2000年代になると、自動車や運送業の企業および開発者が、固体電池への関心をもち始めました。そして2011年には、フランスの運送企業ボロレが、リチウム塩を共重合高分子（ポリオキシエチレン）に溶解させた「高分子電解質」を用いた金属リチウムポリマー電池搭載のモデルカーを発売します。「Bluecar（ブルーカー）」と名づけられたこのモデルカーは固体電池車の先駆け的な存在となり注目を集めましたが、その後、姿を消しています。

しかし2020年代になると全固体電池車の開発競争が激しくなり、2023年10月にはトヨタが出光興産と共同で、2027～2028年の実用化を目指すと発表しました。ホンダもほぼ同時期の実用化を目指していることから、2020年代後半には全固体電池車が一挙に登場する可能性があります。

全固体電池車の先駆け

▼ブルーカー

2011年にフランスのボロレが発売したモデルカーのブルーカー。ボディはフェラーリのデザインで知られるイタリアのピニンファリーナ製で、フランスのパリ市が展開したカーシェアリング「オトリブ」で採用されたことで一躍脚光を浴びた（出典：Wikipedia）

5-2

全固体電池の原理と仕組み

太陽電池は液体部分がありませんが、全固体電池とは呼ばれません。これはなぜでしょうか？　ここで全固体電池と既存の電池の違いについて理解しましょう。

全固体電池というのは、たんに固体の電池のことをいうのではありません。構造のなにからなにまでが固体の電池といったら、2種の半導体と2枚の電極板を重ねただけの太陽電池は究極の全固体電池ということができるでしょう。しかし太陽電池のことを全固体電池とはいいません。もちろん、既存の乾電池やボタン電池などを全固体電池ということもありません。

▶▶ 全固体電池とはなにか

現在、一般に「全固体電池」というのは、「新しいタイプのリチウムイオン二次電池」のことをいいます。新しいタイプというのは、これまでのリチウムイオン二次電池と違って電解質が液体でなく、固体であるということです。つまり電池内に液体がなく、正極と負極の間に固体の「電解質セパレータ層（従来のセパレータとは異なり、固体電解質がセパレータの役割をも果たします）」のみがある電池のことをいうのです。

全固体電池の開発例

◀日立造船の全固体電池

2024年2月に東京ビッグサイトで開催された「BATTERY JAPAN 二次電池展」日立造船ブースに展示されていた同社開発の全固体電池

▶▶ 現行リチウムイオン二次電池との違い

したがって全固体電池の電池としての原理と仕組みは、基本的に前章で見たリチウムイオン二次電池とまったく同じです。現行のリチウムイオン二次電池では、正極にLiCoO₂、負極にグラファイト（黒鉛）C₆などの炭素が使用されているものが大部分ですが、これら電極に関しては全固体電池でも同様です。

違いは、現行のリチウムイオン二次電池が電解質として液体の電解液を使用するのに対して、全固体電池では「電解液」ではなく、固体の「固体電解質」を使うということだけです。

特に電気自動車の普及に向けては、現行の電池では安全性のほかにも航続距離や充電時間に課題があるため、全固体電池への期待は大きく、実用化に向けて開発が進められているのです。

リチウムイオン二次電池と全固体電池の違い

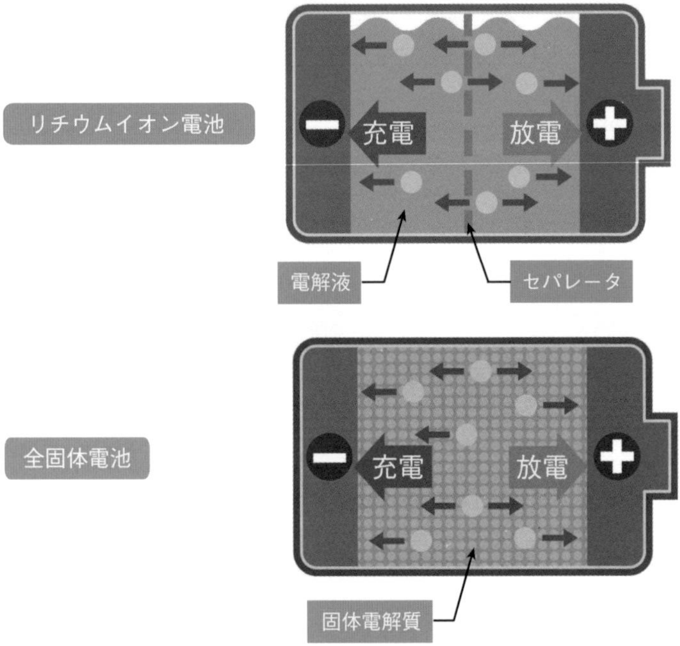

リチウムイオン電池

充電　放電

電解液　　セパレータ

全固体電池

充電　放電

固体電解質

5-3

全固体電池の形式による分類

現在開発途上にある全固体電池にはいろいろなアプローチがあり、それによって
いくつかの種類に分けることができます。

全固体電池を電池の構造で分類すると、バルク（塊状）の「バルク型全固体電池」
と薄い膜状電池を何枚も重ねた「薄膜型全固体電池」とに分けることができます。

▶▶ バルク型の特徴

バルク型（塊状）全固体電池は、一般的なリチウムイオン二次電池と原理的な構
造的としては似ています。違いとしては電解質として液体の電解液でなく、固体の
電解質を使用しているということです。全固体電池の王道をいくタイプと考えるこ
とができます。

ただしそのため、実用化においては、高い導電率をもち、かつ形成が容易、そのう
え、電極と密着することができる固体電解質の開発という高いハードルをクリアー
できるかどうかがカギとなっています。

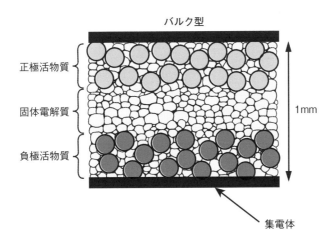

バルク型の構造

バルク型

正極活物質

固体電解質

負極活物質

1mm

集電体

▶▶ 薄膜型の特徴

　一般的に液体に比べてイオンの動きが遅い固体を電解質とすると、電池の内部抵抗が増大します。この内部抵抗を減らすための1つの方法が、イオンの輸送距離を短くするということです。そのための具体的な方法として電池を薄型化する方法があります。

　このような発想で生まれたのが薄膜型電池です。このタイプの全固体リチウムイオン二次電池はすでに実用化されており、繰り替えし使用可能回数が多い、すなわち優れたサイクル特性を示すことが実証されています。全固体電池の大きな可能性を示すものといえるでしょう。

　薄膜型全固体電池は、気相法で作られます。つまりスパッタ法、真空蒸着法、パルスレーザー堆積法などという、基板上に金属などの固体薄膜を積層する既存の薄膜製造技術を用いて薄膜を積層させることによって作製されます。その意味でハードルは低いということができるでしょう。

　ただし、リチウムイオン電池の全固体化がもっとも期待されている車載用途などに使用するためには、大きいエネルギーを蓄えるために面積あたりの活物質量の大きな薄膜を何層も重ねて、厚型の積層電池を作製する必要があります。このような厚型薄膜電池は、原理的には薄膜型でも、一般の薄膜電池と対比させる意味でバルク型電池と呼ばれることもあるので注意が必用です。

薄膜型の構造

薄膜型

固体電解質　負極活物質　正極活物質　集電体　数十μm　基板

5-4

固体電解質の種類による分類

全固体電池は固体電解質によって種類が分かれます。現在有望なものに、セラミックス型（酸化物型）と硫化物型があります。

　全固体電池を作る際のいちばん肝心な部分は、優れた固体電解質を作ることができるかどうかです。そのため、いろいろの素材を用いて試行錯誤が行われましたが、現在有望なものとして研究が行われているものに酸素Oとの化合物を用いるセラミックス型（酸化物型）とイオウSとの化合物である硫化物を用いる硫化物型があります。

▶▶ セラミックス型

　セラミックスを主体とした酸化物型（セラミックス型）全固体電池の特徴を見てみましょう。

●酸化物型全固体電池の特徴
　酸化物型の第一の特徴は安全であるということですが、安全性以外にもメリットがあります。それは、

①耐熱性が高い
　この性質を利用すると、電子機器を組み立てる際の半導体などをプリント配線基板に一括でハンダつけする工程で、バッテリーをいっしょに実装できるようになります。これによって、バッテリーの組み込み作業が劇的に楽になり、組み立てコストの低減につながります。

②電池性能と素材
　一般に二次電池は、使用する電極材料の物性によって、エネルギー密度やパワー密度、寿命、出力電圧などが変化します。酸化物系の固体電解質は化学的に安定しているため、用途に応じた電極材料を比較的自由に選択して利用できます。この特徴は、未知の優れた電極材料が登場した際にも、比較的容易に対応できるメリットになります。

③焼結製法

　セラミックスは生地を高温で焼結して作るため、製造の際に場合によっては1000℃を超える高温をかけます。そのため、電極などほかの部品にも高温がおよぶので、耐熱性の高い部品を選ぶ必要がでてきます。

▶▶ 硫化物型全固体電池の特徴

　硫化物型固体電解質は、難燃性でありかつ高電圧下での安定性をもつことで注目されています。また製法が粉体加圧方式で、低温下で成形できるという利点があります。これは酸化物型に比べて大きなメリットといえます。

　その一方で、硫化物型固体電解質はおもに次の2つの課題を有しています。

①　硫化物型固体電解質は、水分との反応により猛毒の硫化水素H_2Sが発生します。これは硫化物型にもっとも懸念される問題です。この危険性は研究を行う際にも生じます。そのため、硫化物型は研究施設も水厳禁となっているようです。

②　粉体同士の接触構造であるため界面抵抗が高くなり出力低下が懸念されます。

セラミックス型全固体電池の商品例

▼マクセルのセラミック型全固体電池

マクセルが2024年にサンプル出荷を開始するとアナウンスした円筒形全固体電池「PSB23280」の試作品。右ページのセラミックパッケージ型全固体電池「PSB401010H」に対し容量25倍の200mAhを実現し、市場ニーズにあわせたサイズカスタマイズが可能としている
（出典：マクセル プレスリリース）

酸化物型全固体電池の商品例

◀マクセルの酸化物型全固体電池

マクセルのセラミックパッケージ型全固体電池「PSB401010H」（上）と、これを採用したニコンの多回転アブソリュートエンコーダ（下）。　アブソリュートエンコーダは、自動車製造ラインの産業用ロボットや工作機械など産業機械に幅広く利用され、ロボットアームなどの回転変位を絶対値で検出することができるセンサーである（出典：マクセルプレスリリース）

COLUMN

硫化水素

　硫化水素は火山地帯で発生することがある猛毒の気体です。一般に腐卵臭といわれるイオウ系の、温泉で嗅がれる臭いの気体です。ただし、臭いがするのは濃度が薄い間で、濃度が高くなると嗅覚がマヒして臭いを感じなくなるといいます。硫化水素は空気より重いため、部屋や窪地の下部に溜まります。火山帯

のスキーで硫化水素が溜まった窪地に突っ込むと昏倒して倒れてそのまま亡くなります。

　硫化水素の簡単な発生法がネットで公開されたため、2008年1年間で1000人以上の自殺者がでて大きな社会問題となりました。

5-5

全固体電池の長所と短所

期待がふくらむ全固体電池ですが、よいところばかりでもないようです。全固体電池の長所と短所を見てみましょう。

▶▶ 全固体電池の長所

●高い安全性

現行のリチウム系電池の溶媒には炭酸エステル系の酸素原子をもつ有機溶媒が使用されています。この有機溶媒が可燃性の物質であるために、安全性の確保に細心の注意を払わなければならなくなっています。それに対して全固体電池では固体電解質を使用するために、発火などの危険性が小さくなります。

全固体電池の安全性の例

▼全固体電池の安全性検証

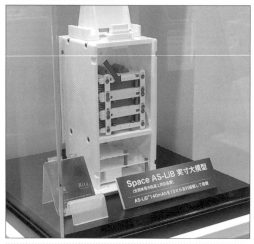

「BATTERY JAPAN 二次電池展」日立造船ブースで行われていた、釘を刺した状態の全固体電池安全性のデモンストレーション（内部短絡後）

日立造船はJAXAと共同で、国際宇宙ステーション（ISS）において、宇宙環境で全固体リチウムイオン電池の充放電が可能であることを確認している。写真は上と同様、同社のブースに展示されていた「全固体リチウムイオン電池軌道上実証装置（Space AS-LiB）」の実寸台模型で、AS-LiB 140mAh を15セル並列接続して搭載している

●作動温度範囲が広い

現行のリチウムイオン二次電池は、作動温度範囲に制限があります。高温ではセパレータの溶解や電解液の蒸発が起こり、低温では電解液の粘度が高くなることによる内部抵抗の上昇が起こります。そのため、高温でも低温でも電池としての性能が低下し、条件によっては使用できなくなります。

しかし、全固体電池では固体電解質の安定性が高く、高温や低温状態においても問題が生じません。

●エネルギー密度が高い

固体電解質の耐熱性は有機溶媒電解質に比べて高く、このため、電池の構造において冷却機構の占める体積や重量を減少することができます。また電池容器が占める体積や重量も大幅に低減することができます。これは電池の体積、重量あたりのエネルギー密度を向上させることを意味します。

●劣化しにくい

リチウムイオン二次電池では、電解液内をリチウムイオンだけでなく、ほかの物質も移動します。それにより電池として本来起こるべき反応以外の副反応が生じてしまいます。この副反応が電池の劣化の原因となります。

一方、全固体電池では固体電解質のため、リチウムイオン以外の物質が電解質内を移動することはありません。そのため副反応が起こりにくく、結果として劣化しにくく電池としての寿命も長くなることが期待されます。

▶▶ 全固体電池の短所

全固体電池のデメリットとしては、電極と電解質の界面抵抗が大きいことが挙げられます。現行のリチウムイオン二次電池と比べて、全固体電池では固体電解質のため、電極間のリチウムイオンの移動抵抗が高くなってしまいます。そのため、電池として出力を上げにくいというデメリットがあります。

しかし、電解液と同等以上の伝導性をもつ材料などの開発が進んでおり、近い将来にはこの課題も克服される可能性が高いと思われます。

第5章　全固体電池

全固体電池の用途

全固体電池で大きな期待がかかっているのは車載用バッテリー用途です。各自動車メーカーの現状と開発の見込みをまとめました。

　全固体電池は充電可能な二次電池ですから、現在二次電池を使っている機器ならどのようなものにでも使うことができます。そのうえ、これまでに見てきたような特徴、長所をもっていますから、製造コストが低減しさえすれば将来、現在のすべての二次電池、いや二次電池にかぎらずすべての電池が全固体電池に置き換わる可能性が高いということができるでしょう。

▶▶ 車載用バッテリー

　現在、全固体電池をもっとも必要としている分野は自動車分野でしょう。ガソリンという化石燃料燃焼にともなう二酸化炭素発生によって引き起こされる地球温暖化などの大規模公害の影響は至るところに顔をのぞかせています。もはや自動車は二酸化炭素をまき散らしながら走ることを許されない状況です。化石燃料以外のエネルギー源で自動車に許されたものとして有力なのは電気以外にない状態です。早晩、ほとんどすべての自動車は電気によって走る電気自動車となるでしょう。

　その場合に問題となるのは電気エネルギーを自動車内にためておく二次電池です。現在の自動車にも鉛蓄電池という二次電池が積み込まれていますが、そのあまりの大きさと重量は、軽量をよしとする現代自動車にとって許容できるものではありません。

　現代の二次電池でもっとも優れた性能をもつものはリチウムを用いたリチウムイオン二次電池です。ところがリチウムイオン二次電池は発火・爆発というトンデモナイ弱点をもっています。この弱点を克服したのが全固体電池なのですから、この電池を最初に使うのは自動車業界でしょう。

　全固体電池が完成して数年も経ったら、すべての電気自動車は全固体電池を搭載することになるでしょう。

全固体電池車の試作例

▼トヨタの全固体電池試作車

2021年9月7日、トヨタ自動車の「トヨタの電池の開発・供給 ～カーボンニュートラル実現に向けて～」発表会資料で公開された全固体電池車の試作車。トヨタの公式YouTubeで試作車（下）の動画を見ることができるが、試作車自体はすでに解体されたとのこと（2021年10月14日確認）（出典：トヨタ自動車リリース）

全固体電池車に対する国産自動車メーカーの取り組み

メーカー	全固体電池に関するアナウンス	全固体電池車 実用化の目安
トヨタ自動車	2021年9月に全固体電池の試作車を公式YouTubeにて公開。2023年10月には出光興産とともに全固体電池の量産に向けた協業を発表	2027 ～2028年
日産自動車	2024年4月に全固体電池の試作ラインの設置予定現場をメディア公開	2028年度
ホンダ	2022年4月に全固体電池の開発を加速させるため、栃木県さくら市の研究拠点に実証ラインを立ち上げることを発表	2020年代
マツダ	2023年6月の株式総会で、全固体電池の研究を進めていることを公表	2020年後半
三菱自動車	2022年1月にアライアンスを組んでいる日産自動車の全固体電池を、フランスのルノーとともに活用することを表明	2030年まで

▶▶ 大型蓄電池

　もう１つ、安全で高性能な蓄電池の登場を待っている分野があります。それは発電業界です。現在世界的な電力は発電によってまかなわれていますが、その発電法にはいくつかあります。原子力発電、水力発電、火力発電、それと再生可能エネルギーと呼ばれる太陽光、風力、潮力、バイオ燃料の燃焼、地熱などによる発電です。

　ところが日本では、せっかく生産した再生可能エネルギーにもとづく電力を棄てているのです。その量は2023年だけで、約45万世帯の年間消費電力に相当するといいます。45万世帯は一世帯3人として約150万人になりますから、つまり神戸市や京都市の全一般世帯に相当します。なんと、生産可能な再生可能エネルギーのうち、これらの都市の一般世帯が１年間に使う電力量を、生産しないで棄てているのです。

　なぜでしょう？　それは電力が（一時的に）余っているからです。電力使用量は季節や時間によって変化し、再生可能発電量も変化します。ですから、発電量が一時的に使用量を上回ることがでてくるのです。このような状態を放置すると電気の周波数が乱れて大停電になる可能性があるといいます。

　そのため、発電量を削減するのですが、その際、削減する順序が政府によって決められており、まず、火力発電、次に再生可能発電の順で削減され、調整が困難な原子力発電は最後なのだそうです。

　九州電力で発電量が止められた太陽光と風力発電の割合は、4月が25％、年間8.9％に達するといいます。なんともったいない話でしょう？　ほとんど無料で発電できる電力をみすみす見殺しにしているのです。

　こんなことが起きるのは、電力が貯蔵できないエネルギーだからです。大量の電力を貯蔵するには、そのエネルギーを熱エネルギーや位置エネルギーなど、ほかの形のエネルギーに変えるのが一般です。電力のかたちで貯蔵するには蓄電池を用いなければなりませんが、現在のところ、大量の電力を安全に貯蔵できる蓄電池は存在しません。

　全固体電池はこのような蓄電池としても使用が期待されているのです。

▶▶ スマートグリッド

　社会的に電力を貯蔵する方法として現在考えられているのは、余剰電力を車載の全固体電池にためておく（充電しておく）という方法です。そして電力が足りなくなったらその電力を放出して電力網に流し、社会全体で使おうというアイデアです。

　もちろん1台の車の電池では蓄電量はたかが知れています。しかし、地域の車をネットでつなぎ、電気貯蔵供給システム（VPP：Virtual Power Plant）を構築するのです。自動車を社会インフラの一環と考えるスマートグリッドはこれから広がる新しい試みということができるでしょう。そのためにも全固体電池は大きな戦力となってくれることでしょう。

第5章　全固体電池

蓄電システムの例

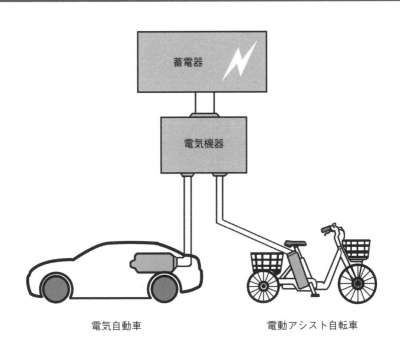

電気自動車　　　　　　　　　電動アシスト自転車

全固体電池の特許

2024年3月、特許庁は全固体電池に関する特許出願技術動向調査報告書（令和5年度、要約）を公開しました。調査の目的について特許庁は、「中国の猛追を受け、全固体電池の研究開発状況を明らかにし、日本の置かれた状況を海外勢と対比して把握することは今後も日本が技術リーダーの地位を維持し日本の蓄電池産業を発展させていくことにとっては非常に重要であると考える」と報告書の冒頭に記しています。

下のグラフは2013〜2021年の出願人国籍・地域別登録件数とその比率で、これでは日本国籍が1位ですが、国や地域別では中国が1位、日本が2位になっています。

企業別では、トヨタ自動車、パナソニック、富士フィルム、村田製作所などがパテントファミリー件数、出願件数な

どで上位を占めており、日本企業の積極的な取り組み姿勢が明らかです。とはいえ韓国のサムスングループ、LGグループ、中国の研究機関である中国科学院などが猛追しており、正極材料のおもな材料に関するパテントファミリー件数では中国科学院が、負極材料のおもな材料ではサムスングループが1位となっていますので、予断を許さない状況であるのは事実でしょう。

そのほか気になるのは論文発表件数が低いことで、日本は全体の10.9％にすぎません。所属機関も大阪公立大学がランキング2位につけているものの、次点が東北大学の13位ですから、お寒いかぎりです。このあたりをどう支援していくかが最大の課題ともいえそうです。

国際展開発明件数の比率

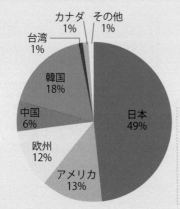

カナダ 1%
その他 1%
台湾 1%
韓国 18%
中国 6%
欧州 12%
アメリカ 13%
日本 49%

特許庁が2024年4月に公開した「令和5年度分野別特許出願技術動向調査結果」において、「出願人国籍・地域別国際展開発明件数推移および比率（出願年＜優先権主張年＞：2013〜2021年）」は依然として日本が強いが、中国が国をあげて追い上げを図っており予断を許さない状況となっている

第**6**章

半固体電池

半固体電池というのは、リチウムイオン二次電池の電解質を完全に固体化するのではなく、液体と固体の中間にとどめようという電池であり、いわば乾電池のような考え方です。いくつかのタイプがありますが、いずれも全固体型より実現性が高く、すでに市販されているものもあります。

半固体電池とは

日本では全固体電池の話題が盛んですが、中国EVメーカー関連やポータブル蓄電器などでは半固体電池の話題も増えてきました。

「全」固体電池に対して最近「半」固体電池という電池が話題になっています。「半」固体電池のほかに「準」固体電池というような言葉も登場し、液体電池、湿式電池、乾電池、固体電池、準固体電池、全固体電池と、違うような、一方で似たような言葉が並ぶと、互いの電池の間の違い、あるいはすみ分けはどうなっているんだ？ と疑問が湧いてきます。区分してみましょう。

▶▶ 電池の区分

電池には少なくとも、容器、正負の電極、電解質、セパレータなど、いくつかの構成要素があります。これらの要素に液体成分が含まれるか否かによって電池を分類すると次のようになります。

●液体電池・湿式電池

電解質に液体を用いた電池です。ボルタ電池、ダニエル電池などの古典的電池、あるいは鉛蓄電池などがこの範疇に入ります。

●全固体電池

多くの電池は、少なくとも両電極は固体ですが、そのほかに電解質まで固体にした電池で、前章で見てきたものです。液体部分がない、全構成要素が固体だけという完全な固体電池です。

●乾電池

液体の電解液を適当な担体に吸着させて固体状にしたものです。電解質の外見は固体ですが、本質は液体です。そのため、液体（湿式）電池に分類されることもありますし、半固体電池に分類されることもあります。

●半固体電池・準固体電池

　湿式電池と全固体電池の中間に該当する電池で、目下開発中であり、湿式電池はもとより、全固体電池との境界もかならずしも明らかではありません。

　また、半固体電池と準固体電池は違うという説もあれば同じという説もあるようであり、それぞれの構造、領域、境界も明らかではありません。目下はほぼ同じような意味で使っていると思ってよいのではないでしょうか？　開発が進むにつれて正体が明らかになるというところです。無理にここで境界を設定することもないでしょう。

半固体電池と全固体電池の違い

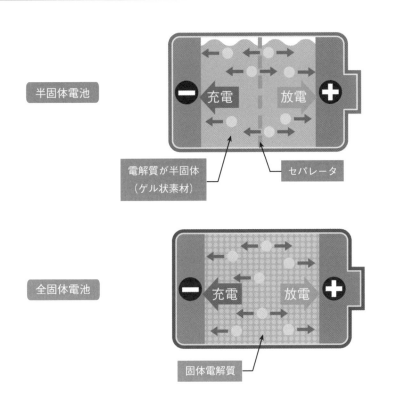

半固体電池

充電　放電

電解質が半固体
（ゲル状素材）

セパレータ

全固体電池

充電　放電

固体電解質

6-2

半固体電池の種類

半固体電池は既存技術を改良するかたちで作られており、大きく分けて3種類のものがあります。

ひと口に半固体電池といってもいろいろな種類があります。現在のところ半固体電池は、ゲルポリマー型、クレイ型、液添加型の3種類に分けて考えられているようです。各々の特徴を見てみましょう。

▶▶ ゲルポリマー型

ゲルポリマー型とは、一般的には「リチウムポリマー電池」や「リポバッテリー」などと呼ばれるタイプの電池です。高分子ゲルに電解液を含有させて流動性を下げることで、従来の純粋液系電池よりも液漏れや発火の可能性を抑制することを狙った構成になっています。コンセプトとしては乾電池に似たようなものと考えることができるでしょう。

現在のところ、フッ化ビニリデン系共重合体からなる高分子ゲル電解質を用いた電池が実用化され、スマートフォンなどをはじめとする多くの製品に使用されています。

半固体電池車の試作例

◀NIO eT7

NIOの高級EVセダン「eT7」。2023年12月に同社CEOが、ET7で航続距離1000kmを達成したと発表したが、このときのeT7に搭載されていた電池は半固体電池だったという（出典：NIO公式Web）

　昨今、中国メーカーを筆頭に電気自動車（EV）用途で「固体電池」が採用される事例が多く報道されています。中国のEVベンチャー企業であるNIOが2022年に150kWhの固体電池搭載モデルを発売すると発表しましたが、こういった「固体電池」の多くはリチウムポリマー電池（ゲルポリマー型の半固体電池）を改良したものであると考えられます。

　2022年5月、中国の電池メーカー国軒高科（ゴ ションハイテク）はエネルギー密度360Wh/kgの車載用半固体電池を量産化すると発表しました。この半固体電池を搭載した場合、航続距離は最大1000km、時速0〜100kmの加速時間は3.9秒を達成できるとされています。半固体電池とはいえ、かなりの性能ではないでしょうか。

　このような最新のゲルポリマー型の半固体電池において注目すべき点は、採用されるゲルポリマーの「機能性」の向上と多様性の開発です。

　たとえば、以下のようなものです。

①　難燃性ゲルによる発火リスクの低減
②　高エネルギー密度だが不安定な活物質を、保護被膜として機能するポリマーで被覆することによる電池容量の増大など

　特徴的な機能を有するゲルポリマーを採用することで、従来のリチウムポリマー電池よりも優れた電池特性を発現させるといった傾向が見られます。

▶▶ クレイ型

　クレイ型とは、正極/負極の電極材料に電解液を練り込んだ粘土（クレイ）状の材料を用いた電池です。

　従来の液系リチウムイオン電池の場合は電極材料を混合した「スラリー」と呼ばれる合材塗料を金属箔の上に塗布/乾燥する製造工程が一般的でした。

　これに対し、クレイ型の半固体電池の場合は電極材料の結着を担うバインダーや、先述のゲルポリマーといった高分子材料を使うことなく、半固体的な粘土状に練り上げた材料を用いた厚膜電極という特徴的な構造になっています。この構造によって高安全性、長寿命、低コストを実現しています。

　日本では京セラが住宅用蓄電システム向けの電池として開発に取り組んでいます。

▶▶ 液添加型

電解質に固体電解質のみを使用し、構成材料が「すべて固体」であるのが「全固体電池」です。全固体電池は、充電時間が短くなる、1回の充電での走行距離が大幅に伸びるなど、なにかと注目されがちな次世代型電池です。

しかし、よいことばかりではありません。困った問題も浮上しています。たとえば、充放電にともなう活物質の体積変化により、固体電解質と活物質の間に隙間が生じてしまうことで電池寿命などの特性低下を引き起こすというような問題が指摘されています。

全固体電池を搭載した実車で走ってわかった全固体電池の課題は、「寿命の短さ」や、EVよりもHEV向き？　というような、一見些細なことのようですが、その実、重要なことが多くあったようです。

この問題を解決するために考えられたのが「液添加型」の半固体電池です。日本人の好きな「折衷案」のような解決策です。活物質の体積変化後も固体電解質との良好な接触界面を維持するためには、柔軟性のない固体電解質に、流動性のある液体材料や柔軟性をもったゲルポリマーを少量添加し、生じてしまった隙間を埋めてしまおうという、柔軟というかその場しのぎ的な考え方です。

たとえば、イオン液体を電極添加剤として用いることで良好な界面を形成する事例が示されています。そのほかには日本ガイシの105℃対応車載用電池「EnerCera（エナセラ）」のように多孔質セラミックスに少量の電解液を染み込ませている構成の電池も「液添加型」の半固体電池と呼べるでしょう。

半固体電池の商品例

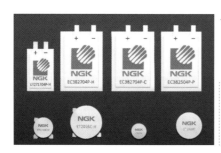

◀日本ガイシのEnerCera

日本ガイシのEnerCeraシリーズ。上は厚さ0.45mmと超薄型で曲げ耐性のあるEnerCera Pouch、下はコイン型で厚さ1〜2mmのEnerCera Coin
（出典：日本ガイシプレスリリース）

6-3

リチウムイオン二次電池の半固体化

> 一般的にいえば、現在の半固体電池はリチウムイオン二次電池におけるイオンの移動で使われている電解液をゲル状にしたものをいいます。

全固体電池のように電解液を固体化すると、内部抵抗が発生してスムーズなリチウムイオンの移動ができないなど課題が生まれますが、これをゲル状にすることで電解液を使った状態とほぼ同じリチウムイオンの動きが得られることが明らかになっています。そのうえで安全面では全固体電池のようなメリットをもたらすことができることも明らかになっています。

このようなことで、リチウムイオン二次電池に関しては全固体化の動きとともに半固体化の動きもでています。それと同時に、電極をこれまでの炭素系から変えることで性能向上を図る動きもあります。

▶▶ 半固体化

半固体電池とは、固体電解質と液体電解質の特性を組み合わせた新しいタイプの電池です。おもにリチウムイオン二次電池を対象として開発されており、電解質中のイオン伝導性が全固体電池より高いことが特徴です。半固体電池は高いエネルギー密度、安全性、長寿命、そして環境への低い影響をもつ電池技術として期待されています。

▶▶ リン酸鉄リチウムイオン二次電池

リン酸鉄リチウムイオン二次電池は、正極にリン酸鉄 ($LiFePO_4$) を使用したリチウムイオン電池の一種です。リン酸鉄は安価で安定した物質であり、熱暴走や発火の危険性が低いことが特徴です。リン酸鉄リチウムイオンバッテリーは長寿命で、充放電サイクルが長いことも魅力です。また、リン酸鉄は希少金属ではないため、環境負荷も低いといえます。

▶▶ 三元系リチウムイオン二次電池

三元系リチウムイオン二次電池は、正極にニッケル・コバルト・マンガン (NCM) やニッケル・コバルト・アルミニウム (NCA) などの3つの元素からなる化合物を使用したリチウムイオン電池の一種です。

三元系はエネルギー密度が高く、低温時にも比較的安定した出力が得られることが特徴です。しかし、希少金属のコバルトを使うためにコストが高いことや、熱暴走や発火の危険性が高いことが欠点です。

表にそれぞれの電池のメリット・デメリットをまとめましたので、参考にしてください。

半固体電池とその他の電池の特徴		
電池の種類	メリット	デメリット
半固体電池	・曲げ耐性や高速充電、高出力に優れる ・液漏れや発火のリスクを低減し、長寿命化を実現する ・同じ電池容量で、軽量化を実現する	・ポータブル電源などで搭載され始めているが、まだまだ商品が少ない
リン酸鉄リチウムイオン二次電池	・発火や爆発が起こりにくい ・自己放電率が低い ・エネルギー密度が高く、出力が安定している	・バッテリー容量に対してコストが高い ・電圧、エネルギー密度が、どちらも三元系ナトリウムイオン電池よりも低い
三元系リチウムイオン二次電池	・重量が軽く、持ち運びやすい ・低温時にも比較的安定した出力が得られる	・充電回数が約800回とリン酸鉄リチウムイオン二次電池よりも少ない

6-4

半固体電池の長所と短所

既存技術を改良するかたちで作られている半固体電池は製品展開が早く、2024年以降さまざまな搭載製品が登場してくることでしょう。

半固体電池のメリットの1つは「早期実用化」です。技術的な難易度が高く、今も世界中で研究/開発が進められている全固体電池と比べると、半固体電池は実現性の高い技術であるといえます。特にゲルポリマー型の一部はすでに実用化されている電池でもあり、製造設備も既存技術の延長線上で対応できるため、比較的早期の実用化が可能となります。

▶▶ 長所

「半固体電池」の多くは「全固体電池」と比べると技術的な難易度があまり高くなく、既存技術の延長線上で量産対応可能なものであるという点を踏まえると、「固体電池」の開発と市場投入はたんに技術的な話だけではなく、「液体→半固体→準固体→全固体」という開発の流れのどこで製品化するのか、どこまでの性能や完成度を求めるのか……といった各社の戦略の要素を含んだ経済戦略的な話であると考えたほうがいいのかもしれません。

半固体電池の商品例

◀半固体電池搭載ポータブル電源

アウトドア関連商品を多数発売しているBougeRV（ボージアールブイ）Japanが2023年10月に発売を開始した半固体電池搭載のポータブル電源「BougeRV Rover 2000」。可燃性の液体電池よりも発熱を抑えることができ、安全性が高まっていることを最大のセールスポイントとしている。ポータブル電源は自然災害時の緊急電源としても役立つことから、半固体電池搭載の製品は今後増えていくことだろう
（出典：BougeRV Japanプレスリリース）

▶▶ 短所

　一方、構成によっては微量とはいえ液体成分を含むため、「固体電池」である必然性や使用温度帯の広さ、発火リスク低減といったメリットが全固体電池よりも薄れてしまうことが懸念点として挙げられます。自動車メーカーのなかには半固体電池よりも全固体電池のほうを優先するというところもありますが、その理由もこの点にあります。

中国企業の半固体電池に関する取組み例

▼CATLの次世代電池戦略

2023年4月に開催された上海モーターショーで、中国のバッテリーメーカーCATLは「Condensed battery（凝集態電池）」という新たなバッテリー技術を発表した。これは電解質をゲル状にした半固体電池のようで、エネルギー密度がニッケル系リチウムイオン電池の約2倍となる最高500Wh/kgになり車載向けおよび航空機向けで展開するとアナウンスしていた。CATLは世界最大手のEVバッテリーメーカーであることから、近いうちにCondensed batteryを搭載したEVが登場する可能性は高い
（出典：CATL公式Web）

第 **7** 章

太陽電池の原理と仕組み

太陽光の光エネルギーを電気エネルギーに換える装置、それが太陽電池です。太陽電池は燃料もいらず、廃棄物もだしません。そのうえ可動部分がないので故障もありません。必要なところに設置してそこで発生した電力をその場で使う地産地消型の発電装置です。残念なことは発電効率が低く、価格が高いことです。

光とは

再生可能エネルギーにはさまざまなものがありますが、なかでももっとも普及しているのが、無尽蔵に存在する太陽光のエネルギーを利用した太陽電池です。

20世紀後半に入ると、18世紀の産業革命以来、人類のエネルギー源として長年貢献してきた石炭、石油、天然ガスという化石燃料も二酸化炭素を発生し、それによって地球温暖化などという深刻な環境問題を引き起こすこと、化石燃料という地球資源そのものが底を突きそうという資源枯渇が迫っていることが明らかになりました。

そのうえ、化石燃料の代わりに人類の将来を引き受けるものと期待されていた原子力エネルギーも、原子炉事故という大問題を引き起こし、さらには使用ずみ核燃料の安全保管という将来にまたがる大きな問題を抱えていることが明らかになった現在、人類の将来を担うエネルギーとして再生可能エネルギーが一躍注目を集めています。

さらに重要になってくる再生可能エネルギー

◀再生可能エネルギーの例

太陽光発電をはじめ、風力発電、水力発電、波力発電、潮力発電、地熱発電と、再生可能エネルギーの必要性は今後さらに高まっていくことだろう

▶▶ 太陽光エネルギー

　再生可能エネルギーというのは、使用しても自動的に再生産されるエネルギーのことだけでなく、無尽蔵に使えるエネルギーのこともいいます。こういうと再生可能エネルギーはまるで魔法のエネルギーのように聞こえるかもしれませんが、魔法でもなんでもありません。あたり前のエネルギーです。

　地球上で感じる位置エネルギーは地球が存在するかぎり存在し続けますし、海の干満を引き起こす月の引力、四季折々を作りだす太陽光エネルギー、およびそれによって生じる風力エネルギー、波浪エネルギーなどは太陽が存在するかぎり存続します。これらの自然エネルギーはほぼ不変、不滅のものと考えられ、少なくとも人類の将来より長い期間存在するでしょう。

●再生可能エネルギー

　再生可能エネルギーにはいろいろな種類があります。木材の活用もその1つです。木材は燃焼すると、熱と二酸化炭素CO_2を排出して自身は消えてしまうエネルギー源です。しかし、その二酸化炭素は次世代の植物が光合成で用いて成長し、また木材として再生します。その意味で使い捨てではなく、再生可能エネルギーなのです。

　潮力は月と地球の関係が変わらないかぎり存続しますし、地熱も多分地球が存在するかぎり存続するでしょう。風力や波力は太陽熱によって起こるものであり、太陽が存在するかぎり存続します。このようなエネルギーは使ってもなくならないエネルギーであり、無尽蔵といわれるエネルギーになります。

●光エネルギー

　無尽蔵に存在するエネルギーとして注目されるのが太陽光のエネルギーです。光は光子の集まりですが、1個1個の光子の挙動は波で近似することができます。つまり、光は電波などと同じ電磁波の一種と考えることができます。したがって波長λ（ラムダ）と振動数ν（ニュー）をもちます。そしてこの積$\lambda\nu$が光速cとなります。光子はエネルギーEをもちますがそれは振動数に比例し、波長に反比例することが知られています。

$$c=\lambda\nu$$
$$E=h\nu=ch/\lambda \qquad (h：プランクの定数)$$

　電磁波の波長は短いものから長いものまでいろいろありますが、人間の目に見える可視光線は波長が400～800nmの範囲のものにかぎられます。この間に虹の七色の光がすべて入ることになります。青い光は波長が短いので高エネルギー、赤い光は波長が長いので低エネルギーということになります。

　青い光より波長の短い光は紫外線と呼ばれ、日焼けの原因になります。紫外線よりさらに波長が短いとX線、γ（ガンマ）線となり、生命を脅かすほどの高エネルギーをもちます。一方、赤い光よりさらに長い光は赤外線と呼ばれ、目には見えませんが、皮膚が熱として感じることになります。赤外線よりさらに長いと電波となります。

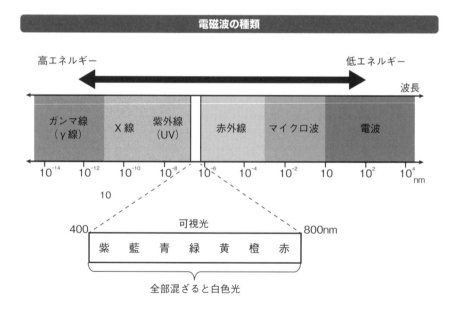

電磁波の種類

7-2

太陽電池とは

太陽電池は、太陽の放つ可視光線（波長が400～800nm）のエネルギーを電気エネルギーに変換する装置です。ここで太陽電池の構造を見てみましょう。

▶▶ シリコン太陽電池の構造

太陽電池にはいろいろな種類がありますが、家庭用としてもっとも一般的な太陽電池であるシリコン太陽電池は図のような構造をしています。あまりに単純で驚かれるのではないでしょうか。しかしこれは、初歩的な説明のためにあえて簡略化した図ではありません。本当にこれだけなのです。

構造は4種の板状のものを重ねただけです、しかもそのうち最上下の2枚は電極です。つまり太陽電池本体ともいうべきものはたったの2枚、n型半導体とp型半導体だけなのです。そしてこの2枚の半導体は図で見ると2枚になっていますが、実は実質1枚なのです。

シリコン太陽電池の構造

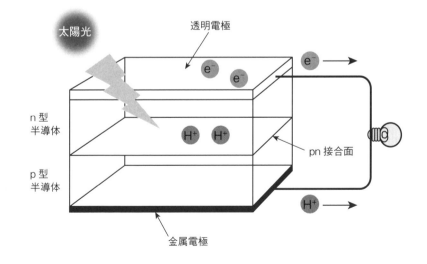

太陽光　透明電極　e⁻　e⁻　e⁻
n型半導体　H⁺　H⁺
p型半導体　pn接合面
H⁺
金属電極

第7章 太陽電池の原理と仕組み

125

　鉄板を放置すると表面が錆びます。この状態の鉄板は、表と裏は錆びて酸化鉄になっていますが、真ん中は錆びていない鉄そのものです。これは酸化鉄（表）—純鉄（真ん中）—酸化鉄（裏）と三層構造に重なっています。

　太陽電池におけるn型半導体はこの酸化鉄のようなものです。決してn型半導体とp型半導体という2枚の半導体を接着剤で接着したようなものではありません。シリコンに特殊な元素を吸着させると、吸着した部分だけがn型に変化するのです。ですから、n型半導体部分は非常に薄く、しかも両半導体の接合面は目で見てわかるような接着面ではなく、両半導体分部の原子同士が接していることになります。

太陽電池の実用例

◀家庭用ソーラーパネル

家の屋根に取りつけられた太陽光パネル。電気料金の値上げが続く昨今、電気代の節約を目的として太陽光パネルを導入する事例が増えている

◀家庭用ソーラーカーポート

ソーラーカーポートは太陽光パネルつきのカーポート（簡易車庫）で、土地の有効活用、鳥の糞や雹などからの被害対策、電気代節約＆売電収入、店舗の場合は集客などのメリットがある。補助金を使える場合もあり、普及が加速する普及が加速する可能性がある（写真提供：GCストーリー）

▶▶ シリコン太陽電池の起電機構

　この太陽電池に透明電極の側から光を当てると、光は透明電極と薄いn型半導体をとおり抜けて「pn接合面」という2枚の半導体の合わせ目に達します。するとこの合わせ目で電子e^-が発生し、これがn型半導体を通って負極から外部回路を通って正極に達し、電流となるのです。正極に達した電子はp型半導体を通ってもとのpn接合面に戻ります。

　このようにすべてはもとに戻るだけです。なんの化学反応も起こっていません。なんの変化も起こっていないのです。なにも減っていないし、増えていません。もちろんなにも動いていません。燃料も廃棄物も可動部分もなにもないのです。

▶▶ 太陽電池の長所

　太陽電池は多くの長所をもっています。それがなかったら、これほど話題になり、多くの家庭に使用されるはずはありません。その長所を見てみましょう。

●メンテナンスフリー

　いちばんの長所は構造が簡単で維持管理が簡単ということでしょう。上で強調したとおり、太陽電池は電流（電気）を発生しますが、太陽電池にはなんの変化も起こりません。可動部分もありません。太陽電池はガラスや瀬戸物の陶磁器のようなものです。

　一度作ったら、割れでもしないかぎり壊れません。ありえる故障は台風で石が飛んできて割れた、鳥のウンチで汚れた、あるいは配線が切れたというようなものです。ということは太陽電池には故障が起こらず、したがって修理も必要ない、すなわちメンテナンスフリーであるということです。

●環境に優しい

　太陽電池は燃料、すなわち消費するものがありません。当然廃棄物もありません。水素燃料電池は廃棄物が"水だけ"だということをセールスポイントにしていますが、太陽電池はそもそも廃棄物そのものがないのです。これ以上のクリーンエネルギーはありません。

第7章　太陽電池の原理と仕組み

●地産地消

　太陽電池は "ガラスのような電池" を "光の当たるところ" にセットすればその場でただちに電気を起こします。電信柱についた街灯の「電球に太陽電池の傘をセット」すれば、それだけで夜になれば明かりを灯します。普通ならばはるか彼方の発電所から電線を引き、変電所を介して電力を運ばなければなりません。そのための電線設置の費用、そのメンテナンス費用、電線による電力ロス、これらは大変な費用になります。

　太陽電池は電気を使いたいところで発電できます。地産地消の電力です。無人島の灯台、海上のブイ、人工衛星の電力、高速道路の警告灯など、人が行きにくい場所でも問題なく電力を供給してくれます。

▶▶ 太陽電池の短所

　太陽電池にも短所はあります。それはどのようなものでしょう?

●発電量が小さい

　太陽電池の欠点の最大のものは発電量が小さいということでしょう。普通の家庭なら、屋根一面に太陽電池を設置しても、その家庭の電力をまかなうことができるかどうか、というところです。しかしまた、ゴビ砂漠一面に太陽電池を設置したら、世界中の電力をまかなうことができるとの試算もあります。

●天候依存

　当然ですが、太陽電池は、太陽光が当たらなければ発電できません。ビルの影になった家での発電は不可能です。また、雨の日は発電できず、曇りの日も効率は落ちます。つまり、「発電量があなた(太陽)まかせ」というのは、四六時中電力を要求する現代社会にとってあまりに大きなデメリットです。これは風力発電も同じです。再生可能エネルギーの大きな弱点といえるでしょう

　このデメリットは「電力は貯蔵・保管できない」という電力の宿命にもとづくものですが、それが電池に密接に関係することは先に見たとおりです。

●直流電流

　太陽電池は電池ですから、作る電流は直流です。しかし一般家庭の電気器具はすべて交流仕様です。したがって太陽電池で発電した電力を一般家庭で使うには、直流を交流に換えるインバーターが必要です。インバーターは電気機器です。故障も起こすでしょうし、メンテナンスも必要です。といって太陽電池設置家庭のすべての家電製品を直流仕様にして売りだすには費用がかかりすぎます。

●高価

　一般家庭で使う太陽電池はシリコン（ケイ素）を用いたものです。ケイ素は地殻中に酸素に次いで存在量が多い元素です。したがって化石燃料のような資源枯渇の心配はありません。しかし、太陽電池用のシリコンは高価です。なぜでしょう？　この理由はあとで見ることにしましょう。

太陽電池の長所

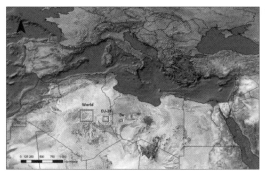

◀太陽エネルギーの試算例

▼アメリカのメガソーラー

ドイツ、EU25カ国および全世界の需要と等しい電力を太陽エネルギーで発電するのに必要な面積。この試算が掲載された論文自体は2005年に発表されたものだが（ドイツ・ブラウンシュヴァイク工科大学）、アメリカのカリフォルニア州では2024年4月に蓄電池による電力供給が一時的に上回る勢いを見せており、試算の一部を裏づけつつある。同州では2045年までに太陽光発電を100％にすることを目指しており、石油や天然ガスが豊富な州もこの動きに追随していることから、この試算の正しさを世界中が知ることになるかもしれない（出典：Wikipedia。写真はアメリカの砂漠に設置された太陽光発電所）

第7章　太陽電池の原理と仕組み

太陽光パネル大量廃棄問題

太陽光発電に関して、今、大きな問題になりつつあるのが、太陽光パネルの大量廃棄問題です。

小型の家庭用太陽光パネル部分だけであれば、可燃ごみとして処理する自治体もあります。たとえば岡山県岡山市では、20リットルの黄色の有料指定袋に入る大きさであれば引き取ってくれるそうです。しかし屋根に設置する自家発電用の太陽光パネルは産業廃棄物とな

りますので、適切な処理業者に相談しなければいけません。とはいえ家庭の場合、新しい太陽光パネルとの入れ替えであれば、有料にはなりますが、業者が古いパネルを適切に処分してくれるでしょう。

問題は、中〜大規模の太陽光発電所に設置されている大量の太陽光パネルです。たとえば容量1,000kWのメガソーラーを設置するとしましょう。

太陽光パネル廃棄問題例

◀雪で破損した太陽光パネル

▼放置された太陽光パネル

上は雪の重みで倒壊した太陽光パネル。近年は全国的に雪が降る量が減っているが、それでも大雪になると被害を受けることがある。こうした破損した太陽光パネルがきちんとリサイクルにまわされれば問題ないが、放置されると大きな問題になる。太陽光パネルには鉛、セレン、カドミウム、ヒ素の有害物質を含むものが多いため、このまま放置すると地中に有害物質が流れだしてしまう可能性があるのだ

金額	2020 年	2025 年	2030 年	2036 年
排出見込み量	約 3000 トン	約 6000 トン	約 2 万 2000 トン	約 17 万〜28 万トン
産業廃棄物の最終処分量に占める割合	0.03%	0.06%	0.2%	1.7 〜 2.7%

※割合は平成 27 年分を基準とした場合
出典：経済産業省、NEDO 統計

250Wの太陽光パネルであれば、4,000枚が必要となります。しかし太陽光パネルの耐用年数は20～30年ほどと、それほど長いわけではありません。日本では2012年7月に再生可能エネルギーの固定価格買取制度（FIT制度）が始まり、それ以降、大規模な太陽光発電所が次々と作られるようになりました。つまり単純計算で、2012年＋20年＝2032年ごろからピークを迎えるパネルの数が劇的に増えてしまうことになるのです。

表は、NEDO（国立研究開発法人新エネルギー・産業技術総合開発機構）が予測したものですが、2020年には約3千トンだった排出量が、2030年には7倍以上の約2.2万トンになり、2036年には少なく見積もっても約57倍、最大では90倍を超えると予想されています。太陽光パネルでは鉛をはじめ、セレン、カドミウム、ヒ素の4種類の有害物質を含むものが多いため、不法投棄されようものなら大変なことになるのです。

もちろんこの危機的状況を踏まえ、政府機関（新エネルギー庁、環境省など）やさまざまな民間企業が太陽光パネルのリサイクルに取り組んでいます。下の図は太陽光パネルのリサイクルの流れを表したものですが、アルミ、ガラス、銅（Cu）、銀（Ag）は分離すれば素材として再利用することができます。たとえば福岡県北九州市にあるリサイクル業者のリサイクルテックでは、太陽光パネルを熱分解することで、金属リサイクル率82%を達成しているそうです。

とはいえ太陽光パネルのリサイクルは、現時点では高コストで、これを嫌って使えなくなった太陽光パネルを放置したり、不法投棄したりする悪質な業者も少なくありません。リサイクル技術の進歩と、自然環境や地域との共生を実現する完全な法の改正が待たれます。

太陽光パネルのおもなリサイクルの流れ

工程	取得マテリアル	用途
受け入れ	※代表的なリサイクルの流れを示したもので、技術開発などにより分離の流れ、各素材の利用用途は異なる可能性がある	
フレーム分離	アルミ	素材利用
バックシート分離	フッ素系フィルム	廃棄など
カバーガラス分離	ガラス	素材利用
封止剤・太陽電池セル分離・回収	銅（Cu）	素材利用
	銀（Ag）	素材利用
	シリコン・封止剤	廃棄

7-3

半導体とシリコンの電子状態

太陽電池は半導体の塊ですが、太陽電池で使う半導体は「p型半導体」と「n型半導体」というものです。これら半導体やシリコンはどのような電子状態をしているのでしょうか？

▶▶ 半導体の種類

半導体にはいろいろの種類があります。基本的なものは元素そのものが半導体の性質をもつというもので、これは「元素半導体」、「真正半導体」あるいはintrinsic（真正）の頭文字をとって「i半導体」などと呼ばれます。これにはシリコン、ゲルマニウムなどがあります。

しかし真正半導体は伝導度が低く、太陽電池には向きません。そこで真正半導体に少量の添加物（不純物）を混ぜて性質を改変することがあります。このような半導体を一般に「不純物半導体」といいます。一般にp型半導体、n型半導体といわれるものはこの種類になります。

不純物半導体を進めたものが化合物半導体です。これは半導体以外の元素を組み合わせて半導体にしたものです。ただしこの組み合わせにおける原子数の比はきちんと化合物を作る組み合わせになっているので、このような半導体を特に「化合物半導体」といいます。これに関してはのちに化合物半導体太陽電池の項でくわしく見ることにします。

▶▶ シリコンの電子状態

この問題を考えるときには周期表の知識が必要になります。高校化学で見飽きたかもしれませんが、ここで簡単に見ておきましょう。

●長周期表と短周期表

　図Aは見慣れた周期表です。これを長周期表といいます。表の上に1〜18まで
の数字が振ってあります。これは族を表す数字で、たとえば数字14の下に縦に並
ぶ元素を14族元素といいます。同じ族の元素はたがいに似た性質を示します。半
導体元素のシリコンSi、ゲルマニウムGeは14族元素であることに注意してくだ
さい。

　原子の性質は価電子という電子によってよって支配されますが、14族原子は4
個の価電子をもっています。それに対してホウ素Bなどの13族元素は1個少ない
3個、反対にリンPなどの15族原子は1個多い5個の価電子をもっています。

　図Bは短周期表といわれるものです。40年ほど前までは中学、高校の教育現場
で用いられていた周期表ですから、ご年配の方は覚えておられるでしょう。この周
期表では、シリコンは4族（Ⅳ族）になっています。ホウ素Bは3族、リンPは5族
です。つまり、族の数字と価電子の個数が一致しています。このため、半導体の名前
をつけるときには短周期表をもとにすることがあります。

第7章　太陽電池の原理と仕組み

A：長周期表

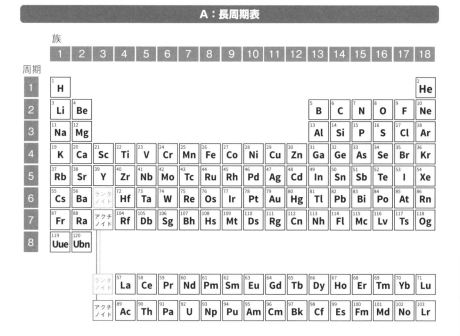

●シリコンの結合状態

　一般に原子は価電子を8個もった状態が安定であることが知られています。これを8隅子状態といいます。

　右の図はシリコンの結合状態を模式的に表したものです。シリコン原子が単独でいるときには価電子の個数は4個です。しかし結合すると各シリコン原子の周囲には8個の電子が存在しています。これは隣り合った原子の間でたがいの価電子をもち合う（共有する）ことによって成立している状態です。このような結合を共有結合といいます。

B：短周期表

	I A	I B	II A	II B	III A	III B	IV A	IV B	V A	V B	VI A	VI B	VII A	VII B	0	VIII		
1	1 H														2 He			
2	3 Li		4 Be			5 B		6 C		7 N		8 O		9 F	10 Ne			
3	11 Na		12 Mg			13 Al		14 Si		15 P		16 S		17 Cl	18 Ar			
4	19 K		20 Ca		21 Sc		22 Ti		23 V		24 Cr		25 Mn			26 Fe	27 Co	28 Ni
4		29 Cu		30 Zn		31 Ge		32 Ge		33 As		34 Se		35 Br	36 Kr			
5	37 Rb		38 Sr		39 Y		40 Zr		41 Nb		42 Mo		43 Tc			44 Ru	45 Rh	46 Pd
5		47 Ag		48 Cd		49 In		50 Sn		51 Sb		52 Te		53 I	54 Xe			
6	55 Cs		56 Ba		57~71 La		72 Hf		73 Ta		74 W		75 Re			76 Os	77 Ir	78 Pt
6		79 Au		80 Hg		81 Tl		82 Pb		83 Bi		84 Po		85 At	86 Rn			
7	87 Fr		88 Ra		89~103 Ac													

ランタノイド	57 La	58 Ce	59 Pr	60 Nd	61 Pm	62 Sm	63 Eu	64 Gd	65 Tb	66 Dy	67 Ho	68 Er	69 Tm	70 Yb	71 Lu
アクチノイド	89 Ac	90 Th	91 Pa	92 U	93 Np	94 Pu	95 Am	96 Cm	97 Bk	98 Cf	99 Es	100 Fm	101 Md	102 No	103 Lr

C：シリコンの結合状態

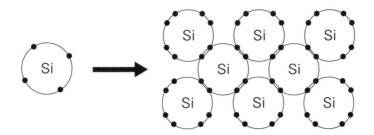

メガソーラー火災

　中国、EU、アメリカ、インドは大規模太陽光発電所、いわゆるメガソーラーの導入を積極的に進めています。もっとも日本も負けてはいません。

　2021年のデータですが、IEAの年間太陽光発電設備導入量では、日本はこれらに次いで5位なっています。日本の国土面積を考えたら、これはスゴイことです。ところがそれにともないさまざまな問題が生じています。環境破壊、周辺に住む人々とのトラブル、設備の盗難、そして火災です。

　2019年9月には千葉県市原市、2020年12月山梨県北杜市、2024年3月には鹿児島県伊佐市、2024年4月には宮城県仙台市で消火活動が難航したメガソーラー火災が起きました。鹿児島県伊佐市のケースでは、消火にあたった消防隊員4人が爆発によりケガを負っています。こうした問題への対策も急務となっています。

メガソーラー火災例

◀メガソーラー火災の例

感電の恐れがあるので、放水での消火活動が行えず、いったん火災が起こると手がつけられないという問題を抱えている。また設置にあたって周辺住民とトラブルになるケースが全国的に多数報告され、解決すべき課題は少なくない

7-4

p型半導体とn型半導体

シリコンに不純物としてリンPやホウ素Bを混ぜてみましょう。リン、ホウ素、それぞれの価電子は図に示したように5個、3個です。

▶▶ n型半導体

シリコンにリンを混ぜた結合状態を右の図に示しました。リンの周囲にある価電子はリンからきた5個とシリコンからきた4個のあわせて9個となっています。これが安定な8隅子状態になるためには1個の価電子を放出しなければなりません。電子を放出したリンは+に荷電することになります。

このようにして放出された電子は、どの原子に属するということのないまま周囲を放浪します。このような電子を一般に「自由電子」といいます。実は金属の場合と同じようにこの自由電子が移動することが電流になるのです。

このようにして作った不純物半導体は、もとのシリコン半導体より価電子が多いので、陰性（negative）ということでn型半導体と呼ばれます。n型半導体の電子状態の模式図を示しました。

▶▶ p型半導体

次にシリコンにホウ素を混ぜてみましょう。図からわかるとおり、ホウ素原子の周囲には価電子が7個しかありません。足りない価電子を白丸で示しました。これを特に「正孔」といい、記号h^+で表すことがあります。

ホウ素を8隅子にして安定化させるために周囲のシリコンから価電子が1個移動してきます。すると、今度はシリコンにh^+が現れます。つまり、正孔h^+がシリコンから移動してきたのです。これは電子が移動したと考えても同じことです。

つまり、電子が移動しても、正孔が移動しても電流が流れるのです。ただし、電流の方向は逆です。つまり、電子の移動方向と電流の方向は逆でしたが、正孔の場合にはその移動方向は電流の方向と同じになります。

この半導体ではシリコン半導体より電子が少ないので陽性（positive）ということでp型半導体と呼ばれます。

n型半導体の結合状態（上）と電子状態（下）

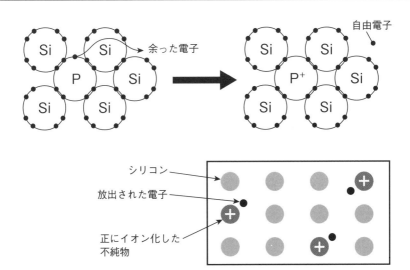

p型半導体の結合状態（上）と電子状態（下）

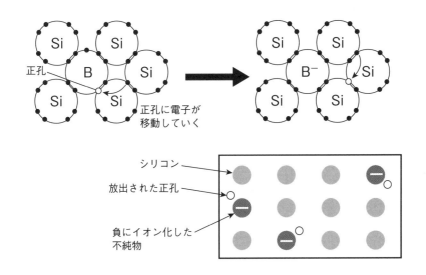

pn接合の電気状態

p型半導体とn型半導体の合わせ目をpn接合といいます。pn接合はシリコン太陽電池にとって命です。

簡単にいえば、太陽電池ではpn接合さえあれば電気は起こるのです。pn接合はどのような電子状態なのかを見ておきましょう。

本章第2節の太陽電池を見て不思議に思われたのではないでしょうか？　構造模式図では、上から順に透明電極—n型半導体—pn接合—p型半導体—金属電極が重なっています。そして光は上から透明電極、n型半導体を通過してpn接合に差し込んでいます。光が透明電極を通過するのは当然ですが、n型半導体を通過するのはなぜでしょう？　半導体は金属のようなもので決して透明などではないはずです。

▶▶ pn接合の作り方

pn接合というのはp型半導体とn型半導体が接している、その境目のことをいいます。この境目で大切なのは両半導体の原子が、原子レベルで接していなければならない、つまり2枚の半導体の間の距離は、結晶における原子間距離程度の短さでなければならないということです。

2枚の半導体を重ねた程度では話になりません。まして接着剤で貼りつけたりしたら、接着剤がじゃまになって両半導体は永久に離れたままです。半導体は熱に弱いですから鉄板熔接のように加熱して溶かして接合するというのも無理です。それではどのようにして接合するのでしょう？

簡単です。まずp型半導体を作ります。この半導体にリンの蒸気を吸収させるのです。すると、p型半導体の表面にリン原子が浸み込みます。このリンの浸み込んだ部分がn型半導体になり、結果的にpn接合完成ということになります。したがって、太陽電池のn型半導体の部分は本当に薄い部分だけとなります。そのため、光も透過するのです。

▶▶ 電子と正孔の衝突

　先に見たように、p型半導体分部には正孔があり、n型半導体部分には電子が余っています。この両部分が接したら、電子と正孔が衝突します。プラスの荷電をもった正孔とマイナスの荷電をもった電子が衝突したら、両者はエネルギーを発して消滅してしまいます。この現象を再結合といいます。

　すなわち、接合面の近くでは正孔も電子も存在しない領域ができることになります。

　この結果、接合面の近くのp型半導体内では正孔が消えたため、マイナスに荷電した原子だけが残り、マイナスに荷電した状態となります。まったく同様にn型半導体では電子が消滅したため、プラスに荷電した原子だけが残り、プラスに荷電した状態となります。

pn型結合

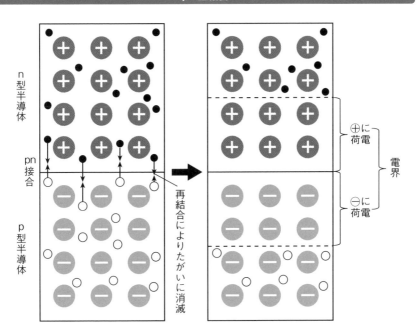

▶▶ 電界の誕生

このようにpn接合面の近くでは正孔と電子はたがいに衝突して消滅しますが、すべてが消滅するわけではありません。接合面を離れたところには正孔と電子が存在します。

もしp型半導体の正孔が、正孔のなくなった接合面近くへ移動したらどうなるでしょう？　同様にn型半導体の電子も移動し、それぞれ衝突したらすべての正孔と電子が消えてしまいます。

しかし心配ご無用です。接合面の反対側にはプラスに荷電したn型半導体の原子が待っています。結局、このプラス原子と正孔の間でプラス電荷同士の静電反発が起き、正孔は接合面に近づくことはできません。n型半導体の電子にもまったく同じ状況が起こります。

この結果、接合面近くではp型半導体がマイナスに、n型半導体がプラスに荷電した電界ができることになります。この電界が太陽光発電に大きな働きをするのです。

COLUMN

太陽電池の関税問題

2024年5月、アメリカは中国製品のうち、電気自動車（EV）、EV用リチウムイオン二次電池、鉄鋼・アルミニウム、太陽電池などに対する関税の引き上げを8月から実施すると発表しました。EVは100%（現在の4倍）、EV用リチウムイオン二次電池と鉄鋼・アルミニウムは25%（現在の3倍強）、そして太陽電池は50%（現在の2倍）とするそうです。

カナダもアメリカに追随する姿勢を見せていることから、安さを武器にシェアを伸ばしてきた中国製太陽電池の勢いがやや弱まるかもしれません。アメリカは11月に大統領選挙を控えており、

その結果次第ではさらなる関税強化の可能性もあります。

米中の貿易摩擦は、第8章で解説する次世代の太陽電池の将来にも大きく関わってきます。またアメリカの太陽電池製造メーカーや太陽光パネル製造メーカーは、中国本土だけでなく、東南アジア4カ国（マレーシア、カンボジア、ベトナム、タイ）で中国企業が製造している製品に対しても関税を課すよう、政府に強く働きかけを進めているようです。このため太陽電池や太陽光パネルの動向に関しては、技術面だけでなく、政治的な思惑もチェックしておく必要がありそうです。

7-6

シリコン太陽電池の起電機構

シリコン太陽電池に光が当たったらどのような現象が起き、どのようにして電気が発生するのでしょう？　その仕組みを見てみましょう。

▶▶ 正孔と電子の発生

シリコン太陽電池に光（光子）が当たると、pn接合面にあるシリコンを結合させている価電子がそのエネルギーをもらいます。エネルギーをもらって高エネルギーになった価電子はシリコン原子の束縛を払い去って自由電子 e^- となって飛びだします。電子が飛びだした跡は正孔 h^+ となります

正孔はn型半導体のほうに移動しようとしても、n型半導体にあるプラスに荷電した原子によって反発され、結局、p型半導体部分に集まらざるを得なくなります。まったく同様にして電子はn型半導体部分に集まります。

太陽電池の活用例

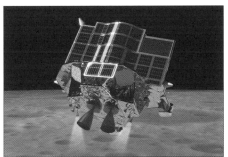

◀JAXA「SLIM」

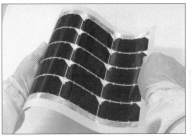

◀SLIM搭載薄膜シリコン太陽電池

太陽電池は宇宙観測＆探索に欠かせない動力源であり、2024年1月に見事、月面への高精度着陸に成功したJAXAの小型実証機「SLIM」にも薄膜シリコン太陽電池が搭載されていた（出典／イラスト：JAXA、写真：シャーププレスリリース）

第7章　太陽電池の原理と仕組み

　このようにしてプラス電荷はp型半導体に集まり、マイナス電荷はn型半導体に集まります。すなわち、p型半導体はプラスに、n型半導体はマイナスに荷電します。これは電界が発生したことを意味します。両方の電極を電線で結べば電子は負極の透明電極から外部へ流れ、正孔は正極の金属電極から外部へ流れ、電流が発生します。

　電線の途中に電灯をつなげばそこで正孔と電子が合体してエネルギーを発生し、電灯を灯すことになります。これが太陽電池の起電原理なのです。

シリコン太陽電池の起電

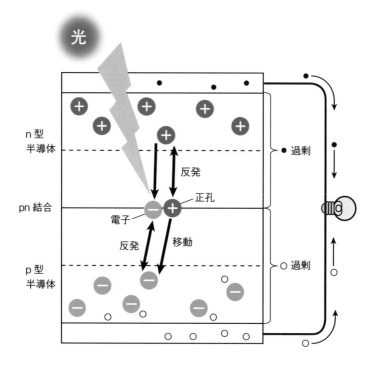

7-7

シリコン太陽電池の問題点

　太陽電池には多くの種類がありますが、現在一般に使われているのは、シリコンを主材料としたシリコン太陽電池です。この電池は優れたものですが足りない点もあります。

▶▶ 変換効率

　科学的、技術的に見た場合、太陽電池のいちばんの問題は、太陽光のもつエネルギーの何%を電気エネルギーに換えることができたのか、という割合です。一般に、発電システムが入力されたエネルギーのうち何%を電力に換えることができたかを変換効率といい、いくつかの発電システムのおよその変換効率は図のとおりです。

さまざまな再生可能エネルギー

水力発電　80 〜 90%

火力発電　40 〜 43%

風力発電　＜59%

原子力発電　約33%

太陽電池　5 〜 40%

※その他、
　燃料電池　30 〜 70%

第7章　太陽電池の原理と仕組み

　水力発電の効率のよさには驚くばかりですが、太陽電池にも驚かれるのではないでしょうか？　「太陽電池、太陽電池」と騒がれるわりには変換効率が低いのでは？

　しかも5～40%という数字の開きはなんなのでしょう？　マジメニヤッテルノ？　といいたくなります。

　この数字の背後には太陽電池の歴史の浅さがあります。しかも歴史が浅いのにいくつもの種類がでています。歴史の古いものは研究を重ねて数値も高くなり、新しいものは数値が低い、ということにしておきましょう。

　それではもっとも長い歴史をもつシリコン太陽電池の変換効率はどれくらいなのでしょう？　もっとも歴史が古く、実績も多いシリコン太陽電池の変換効率は、実験室の理想的な条件下で25%程度、一般家庭用では15%程度でしょう。あとに見る有機太陽電池では5%程度にすぎません。しかし、工夫を重ねれば60%も可能といわれています。つまり太陽電池はまだ「発展途上」の電池なのです。普通の機器ならまだ研究段階といわれるような段階なのです。修行段階の「半人前の職人さん」を連れてきて、みんなの前で働かせているような状態とでもいえばよいでしょうか？

　それでは一人前の本物の職人さんはどこにいるのでしょう？　残念ながらまだどこにもいません。「このように修行させたら本物になる」という修行スケジュールはいろいろありますが、いまだ誰もしっかりと修行したことはないのです。

▶▶ シリコンの価格

　シリコン太陽電池が普及しにくい理由の1つは価格です。もし、太陽電池を仕かけた瓦が普通の瓦と同じ価格だったら、ほとんどの方は太陽電池瓦を採用するでしょう。ところがそうならないのは太陽電池が高価だからです。いくら、太陽電池で発電した電力は電力会社が買い取るからといっても、設備投資が高く、しかも将来がハッキリしないのでは、相応の補助金がでるといっても設置に戸惑う方がでるのは当然です。

事業用太陽光のコスト推移

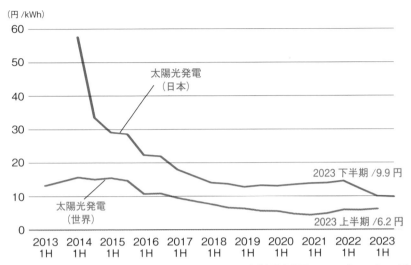

（円/kWh）

太陽光発電
（日本）

2023下半期/9.9円

太陽光発電
（世界）

2023上半期/6.2円

2013 2014 2015 2016 2017 2018 2019 2020 2021 2022 2023
1H 1H 1H 1H 1H 1H 1H 1H 1H 1H 1H

出典：資源エネルギー庁「太陽光発電について（2023年12月）」
※1Hは上半期の意味

太陽光発電（2000kW）の各国の買い取り価格

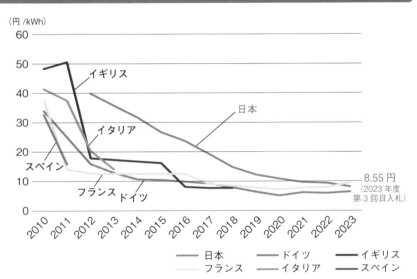

（円/kWh）

イギリス

日本

イタリア

スペイン

フランス　ドイツ

8.55円
（2023年度
第3回目入札）

2010 2011 2012 2013 2014 2015 2016 2017 2018 2019 2020 2021 2022 2023

日本　ドイツ　イギリス
フランス　イタリア　スペイン

出典：資源エネルギー庁「太陽光発電について（2023年12月）」

●高純度シリコン

　資源としてのシリコンSiは地殻中に酸素に次いで2番目に多い元素であり、化石燃料のような枯渇の心配はありません。それではなぜ、太陽電池は高価なのでしょう?

　それは、太陽電池素材として要求されるシリコンの純度が非常に高いからです。太陽電池に要求されるシリコンの純度はセブンナイン、つまり99.99999%と"9"が7個並ぶ純度が求められます。しかし、電子デバイスに要求されるシリコン純度はイレブンナイン、99.999999999%ですから、それに比べればたいしたものではありません。ということで、太陽電池は電子デバイス用としての純度に達しなかったもの、いわばハネダシものを用いるにしても、必要な量が莫大なだけに調達が大変です。

　シリコンは砂、土の成分、すなわち石英、酸化ケイ素SiO_2として産出します。純粋のシリコンSiを得るためには、SiO_2から酸素を除かなければなりません (還元)。このためには電気分解を用います。莫大な電力を必要とします。電力を作るために莫大な電力を使うのですから、矛盾しているような気もしますが仕方ありません。使用した電力以上の電力は回収できるのですから。

　しかし、この方法で得たシリコンの純度はいまだ95%程度にすぎません。これを100%近くの純度にもっていくには、化学的、物理的な操作が必要になります。

●単結晶シリコン

　しかも、太陽電池が必要とするシリコンは純度が高いだけではありません。「単結晶」でなければならないというのです。単結晶というのは塊全体が1つの結晶ということです。すべての金属は結晶です。しかし、単結晶の金属はありません。すべての金属は顕微鏡で見なければ見えない程細かい単結晶がたくさん集まった「多結晶」なのです。

　透明で赤いルビーは宝石です。その化学的組成は酸化アルミニウム (アルミナ) Al_2O_3であり、単結晶です。キッチンの黄色いお鍋の表面もアルミナです。しかしこれは単結晶ではありません。多結晶です。

　単結晶シリコンを作るには高純度シリコンを加熱して溶かし、その中にタネといわれる単結晶シリコンを糸で吊るして入れ、それを徐々に引き上げていきます。するとそのタネの下に単結晶シリコンが成長していくのです。

　この方法は人造ルビーを作るのと同じ方法です。つまり、太陽電池のための単結晶シリコンを作るのは宝石のルビーを作るのと同じ技術、労力、エネルギーを要するのです。

単結晶シリコンの作り方

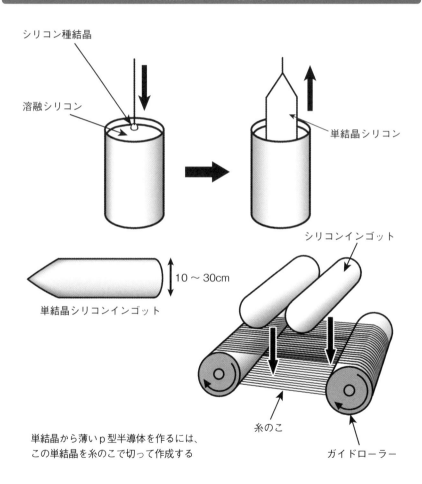

シリコン種結晶

溶融シリコン

単結晶シリコン

10 ～ 30cm

単結晶シリコンインゴット

シリコンインゴット

糸のこ

ガイドローラー

単結晶から薄いp型半導体を作るには、
この単結晶を糸のこで切って作成する

　実際の太陽電池用の高純度シリコン単結晶を作る際には少量のホウ素を混ぜた状態で単結晶を作ります。この単結晶から薄いp型半導体を作るにはこの単結晶を糸のこで切って薄い短冊にしなければなりません。当然、多量のノコクズがでますが、仕方がありません。

●多結晶シリコン

　シリコンの純度を下げるわけにはいきませんが、単結晶をどうにかしようとして考案されたのが多結晶シリコンです。これは金属と同じように細かい結晶が混じったものです。作り方は簡単です。高純度シリコンを溶かしたものを型に入れて固めるだけです。上の単結晶シリコンのノコクズも利用できます。

●薄膜シリコン

　シリコンにかかる費用を抑えるにはシリコンの量を少なくすればよい、そのような発想からでたのがシリコンを薄い膜状にした薄膜シリコンです。これは電極の上にシリコンを真空蒸着したものです。

　真空蒸着をするときの条件によって、シリコンは微結晶状態（多結晶の細かいもの）やアモルファス状態（結晶にならない、ガラス状シリコン）になります。前者を微結晶型、後者をアモルファス型ということもあります。

　多結晶や薄膜状のシリコンを用いた太陽電池は、価格は安くなりますが、性能は落ちます。それは表のとおりで、次章で解説するペロブスカイトも比較として入れています。

シリコン太陽電池の変換効率とコスト

種類	高照度	低照度	変換効率	価格
単結晶シリコン	高い	ほとんど発電しない	約15〜25%	安い
多結晶シリコン	高い	ほとんど発電しない	約13〜16%	安い
アモルファスシリコン	ほどほど	一応、発電する	約6〜10%	ほどほど
ペロブスカイト	高い	よく発電する	約13〜20%	安くなる可能性あり

第8章

次世代型太陽電池

再生可能エネルギーの需要増を受けて太陽電池も進歩を続けています。タンデム型、化合物半導体型、量子ドット型、ペロブスカイト型など無機物を用いたものだけでなく、有機薄膜太陽電池、有機色素増感型太陽電池など、有機物を用いたものもあります。これらの構造、機能を見てみましょう。

8-1

多接合型太陽電池
（タンデム型太陽電池）

多接合型太陽電池は一般にタンデム型太陽電池といわれます。タンデムというのは自転車の種類で知られた言葉で、タンデム自転車というのは1台の自転車にサドルとペダルが数人分設置され、数人で乗って走る自転車のことをいいます。

化石燃料使用によってもたらされる地球温暖化、気象変動など、人類の将来を脅かすかもしれない全地球規模の大型で深刻な公害のせいで、化石燃料の燃焼にもとづく発電は減少せざるを得なくなっています。その減少分を補う発電として考えられるのは原子力発電や再生可能エネルギーによる発電です。なかでも地産地消の上に廃棄物を生まない太陽電池は手ごろな発電策として注目されています。

太陽電池にはいろいろなタイプがありますが、目下の変換効率はせいぜい30%止まりでとても満足できるものではありません。そこで次世代を担う新型太陽電池がいろいろと考えられ、試作検討されています。

そのようななかで、アイデア的には非常に単純で、とても次世代を担うなどと大見えを切って登場するような電池ではありませんが、それでも完成すれば変換効率60%といわれる太陽電池があります。それが多接合型太陽電池です。

▶▶ 太陽電池と光の波長

太陽電池は太陽の光を吸収して、その光エネルギーを電気エネルギーに換える装置ですが、現在の太陽電池は可視光線すべてを吸収して電気に換えているわけではありません。特定の狭い領域の光だけを利用しているのです。どの波長領域を利用しているかは、太陽電池の種類によります。特に化合物太陽電池の場合には、その偏りの大きいことが知られています。

ということは、太陽電池に光が当たっても、太陽電池が発電に利用している光はその一部だけであり、ほかの光は棄てているということです。

▶▶ 太陽光の有効利用

　この棄てている光をすべて利用しようというのがタンデム型太陽電池のコンセプトです。原理的には簡単な話です。何種類かの太陽電池を薄膜法で作るのです。従来の太陽電池では、上方の光のくるほうだけの電極を透明電極とし、下方（底部）の電極は不透明の金属電極としていました。これを、両方の電極とも透明電極とします。そして、このようにして作った何種類かの太陽電池を重ねて1個の太陽電池にするのです。その概念を図に示しました。最上部の太陽電池が一部の光を吸って発電すると、残りの光はその下の太陽電池にさしかかります。ここでまた適当な光が選択吸収され、残りはさらにその下の太陽電池にさしかかります。

　ということで、光は最上部の太陽電池から、最下部の太陽電池にわたって、太陽光のすべてをしゃぶりつくそうという、大変な発想にもとづく電池です。あまりに簡単でわかりやすい発想ですが、これが実用化されると、6層の他接合型太陽電池で試算すると変換効率は60%になるというから驚きです。

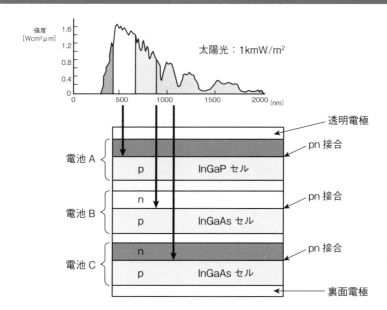

多接合型太陽電池

第8章　次世代型太陽電池

化合物半導体太陽電池

　太陽電池のなかにはシリコンを使わない種類もありますが、化合物半導体太陽電池はそのような種類の一種です。この太陽電池の半導体はシリコンではなく、数種類の原子を化学反応させて作ります。化合物というのは合金ではありません。

　合金というのは数種の金属を任意の割合で混ぜたものをいいます。それに対して化合物というのは混ぜる金属の原子数の比が整数になるようにして作ったものです。ただし成分元素が互いに化学反応をしているわけではありません。

▶▶ 化合物半導体

　太陽電池で重要なのはp型半導体とn型半導体の接するpn接合であり、それは14族元素であるシリコンに、14族の両隣である13族元素と15族元素を混ぜて作ります。それならば14族元素を使わないで、13族元素と15族元素だけで半導体を作ることはできないか、というコンセプトで開発されたのが化合物半導体です。

●化学量論的混合物

　化合物半導体を作る場合に大切なのは混合する両元素の量です。この場合の両元素を混ぜる比率は重量比で考えてはいけません。原子の個数比で考えなければなりません。すなわち、13族と15族間の半導体では15族が1個の電子をだし、13族がその電子を取り入れるかたちで電荷のバランスをとります。そのため、両族の間で原子の個数が厳密に一致していることが重要になるのです。

　具体的にいえば元素の重量の比で混ぜるのでなく、原子量の比で混ぜるということです。たとえば13族のガリウムGa（原子量＝70）と15族のヒ素As（原子量＝75）を混ぜるならば、両者の原子数比を1：1にするためには重量比を70：75にしなければならないということです。

　このように、原子の個数を合わせた混合物を化学量論的混合物といいます。そしてこの混合物は化合物と同じことになるので、このようにして作った半導体を化合物半導体というのです。

●元素の選択

　半導体を作るために用いる元素は、たがいに電子を授受し合って、その結果電子数に過不足がないようにする必要があります。つまり14族を中心にして、その両隣の元素を用いなければなりません。しかしそれは13族と15族を組み合わせるということだけを意味するものではありません。

化合物半導体の仕組み

GaAs の例

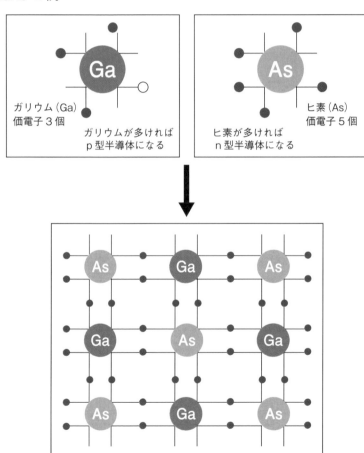

ガリウム (Ga)
価電子3個

ガリウムが多ければ
p型半導体になる

ヒ素 (As)
価電子5個

ヒ素が多ければ
n型半導体になる

※参考：東芝資料

　14族より価電子が2個少ない12族と、反対に2個多い16族の組み合わせでもよいことになります。また、組み合わせる元素の種類は2種類とはかぎりません。つまり13族：16族＝2：1の組み合わせでもよいことになります。なぜなら、16族元素は原子1個で2個の電子をだし、反対に13族元素は原子1個が1個の電子を引き受けることになるからです。同じような発想を続ければ、元素の組み合わせの種類は相当多くなることになります。

　化合物半導体の場合、元素の族を先に見た短周期表で考え、12族＝Ⅱ族、13族＝Ⅲ族などとし、13族と15族の組み合わせの半導体をⅢⅤ族半導体、それを用いた太陽電池をⅢⅤ族太陽電池などと呼ぶことがあります。

▶▶ p型半導体・n型半導体

　このようにしてできた半導体は元素半導体のシリコンに相当するもので電気的に中性な半導体です。したがって、p型、n型の半導体にするには、この化合物半導体にそれぞれ13族、15族の元素を少量ずつ加える必要があります。しかし、Ga-As化合物半導体の場合には、それぞれが13、15族元素なのですから、どちらかの量を少し多くすれば、それぞれp型、n型になることになります。

　化合物半導体を用いた太陽電池は変換効率が高く、優れているものが多いのですが、問題は原料です。すなわち、多くの原料がレアメタルになっています。レアメタルは資源量が少なく、価格が高いのが問題です。なんとかレアメタルを用いない化合物半導体を作ることが重要な課題となります。

▶▶ 化合物半導体太陽電池の実際

　化合物半導体は実際のものが稼働しています。例としてガリウムーヒ素（Ga-As）太陽電池を見てみましょう。

　前節で見たようにガリウムGaは13族、ヒ素Asは15族元素です。この両元素を化学両論的に1：1で混ぜたものは半導体の性質を示すので、ガリウムーヒ素Ga-As半導体と呼ばれます。

　ガリウムーヒ素太陽電池の基本的な構造は図のとおりです。基本的に、シリコン太陽電池のシリコンの代わりにGa-As半導体を用いたものです。

電極の上にゲルマニウムGe基板を置き、その上にヒ素の量を少し増やして作ったGa-As半導体を置きます。これがn型半導体になります。その上に、p型半導体を置きますが、これはGa-As半導体にさらに13族元素であるアルミニウムAlを不純物として混ぜています。これでpn接合の完成です。その上に透明電極を載せれば太陽電池の完成です。

化合物太陽電池の長所

化合物太陽電池の長所はいくつかありますが、おもなものは、

① 変換効率が高い
② 吸収する光に対しては吸収効率がよい
③ 吸収しない光に対しては透過効率がよい

ということです。

ガリウムーヒ素（Ga-As）太陽電池の構造

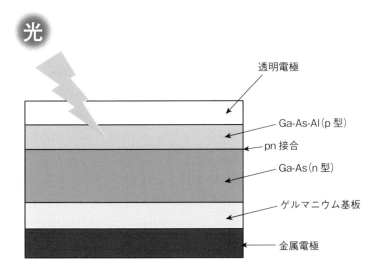

　Ga-As太陽電池の変換効率は実験値ですが26%という、単独の太陽電池として
は画期的な高い値を示しています。②の性質は、太陽光をたくさん吸収するので、
セルを薄くすることができることを意味します。また③の性質は、自分が変換に用
いない光は素通しするということです。前節で見た多接合型（タンデム型）太陽電
池において有利な性能となります。

▶▶ 2種以上の元素からなる太陽電池

　化合物半導体には3種あるいは4種の元素を組み合わせたものも開発されてい
ます。

● 11、13、16族の組み合わせ

　11族は+1価、13族は+3価ですから、両方を合わせると1+3=4になります。
これを相殺するには16族×2、すなわち-2×2=-4とすればよいことになります。
この計算を満足させるようにして半導体を作るには、11族：13族：16族＝1：
1：2の組み合わせを作ればよいことになります。

　このようにしてできたのが銅Cu（11族）：インジウムIn（13族）：セレンSe（16
族）＝1：1：2の化合物半導体です。それぞれの元素記号の最初をとってCIS半導
体といわれます。

　さらに13族を2種類（インジウムとガリウムGa）に分けてそれぞれを1/2と
し、Cu：I：Ga：Se＝1：1/2：1/2：2というものもできました。これはCIGS半
導体と呼ばれます。CISとCIGSは原理が同じなので区別しないことが多いのです
が、CIGSの開発が進んでいるので、どちらの名前で呼んでもCIGSを指すことが多
いようです。

　CIGS太陽電池は真空蒸着法で作るので原料使用量が少なく、変換効率も20%
と高いことから、化合物太陽電池の将来のエースと見られていますが、有害物質の
カドミウムを使うのが欠点といえるかもしれません。

8-3

量子ドット太陽電池

近年、量子技術を利用したさまざまな製品が開発されています。量子ドット太陽電池もその1つで、将来的には次世代電池の一角を担う可能性があります。

　量子ドット太陽電池は、現在考えられる最高性能の太陽電池です。変換効率は理論的に60%以上といわれています。また、量子ドットはその直径や、粒子密度を自由に調整することができますので、それによって、吸収光の波長帯域を自由に設定することができます。そのため、1個の量子ドット太陽電池で、太陽光をすべての波長領域にわたって利用することも可能です。

▶▶ 量子ドットとは？

　量子ドット（点）は、無機物でできた小さな粒子のことをいいます。ドットの直径はおおよそ10nm程度であり原子直径の数十倍です。つまり、1個の量子ドットは1万個ほどの原子で構成されていることになります。

量子ドット

量子ドット

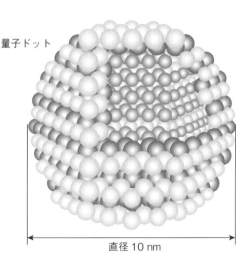

原子

直径1 nm

直径10 nm

第8章　次世代型太陽電池

　量子ドットは原子と同じような性質をもっているので人工原子と呼ばれることもあります。量子ドットは、電子を粒子の中に閉じ込めるという性質があります。閉じ込められた電子は適当なエネルギー⊿Eがくるとそれを吸収して高エネルギー状態（励起状態）になり、次にはそれを放出してもとの基底状態に戻ります。これは光エネルギーを吸収して電気エネルギーを放出することができることを意味します。つまり、太陽電池の能力をもっているのです。

　そして、この⊿Eを製作者がドットの直径や粒子密度を変えることによって自由に設定できるのです。したがって、現在のように⊿Eを原子や分子まかせにしている状態よりもはるかに太陽電池の設計製作の自由度が増えることになります。

▶▶ 量子ドットの作成

　量子ドットはすでに半導体として有機ELなどの情報分野、レーザー分野などで応用されています。原料、製作法もいくとおりも開発されています。代表的なものを見てみましょう

●原料元素

　単一元素から作ったものと、多種類の元素を混ぜたものがあります。単一元素では、シリコンでできたSi量子ドットがよく知られています。多種類の元素を用いたものではカドミウムとヒ素からなるCdS量子ドットやインジウム、ガリウム、ヒ素からなるInGaAs量子ドットなどがあります。

●作成法

作成法もいくつか開発されています。

・メッキ法

　シリコンウエハーにニッケルをメッキすると、ニッケルが微粒子として析出する現象を利用した作成法です。

・不活性化基板法

　不活性化した基板に細く絞り込んだ電子ビームを照射すると、そこだけ不活性膜が破壊されます。ここに金属を真空蒸着すると、破壊された部分にだけ金属が堆積してドットとなります。

・液滴エピタキシー法

　多種類の元素からなるドットの作製法です。構成元素のうち、融点の低いものをビームとして基板上に噴射して液滴を作ります。次に融点の高いものをその液滴に噴射して結晶化させます。

▶▶ 量子ドット太陽電池の構造

　量子ドット太陽電池の理論は複雑ですが、構造はいたって単純です。適当な金属電極の上にシリコンなどの基板を置き、その上に量子ドットを堆積させます。そして最後にITO（インジウム一酸化スズ電極）などの透明電極を置けば完成です

　このようにして作った量子ドットを用いた太陽電池の試作品はすでに稼働しており、変換効率は7%を達成しています。今後改良を重ねれば60%に近づくことでしょう。

量子ドット太陽電池の構造

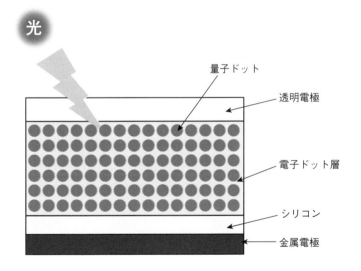

光

量子ドット

透明電極

電子ドット層

シリコン

金属電極

有機薄膜太陽電池

有機太陽電池のなかで開発・商品化が進んでいるのが有機薄膜太陽電池です。まずはその構造や特色などを見ていきましょう。

最近注目されているのが有機太陽電池です。有機太陽電池というのはその言葉のとおり、有機物でできた太陽電池ということです。ここまでに見てきた太陽電池は、シリコンを用いるか、化合物半導体を用いるか、量子ドットを用いるかのどちらかです。シリコンは無機物ですし、化合物半導体や量子ドットの原料も多くは金属です。つまり、ここまでの太陽電池はすべてが少なくとも無機物でした。

▶▶ 有機物とは

有機物というのは、昔は生物から発生した化合物のことをいいました。しかし現在では範囲を広げて、炭素を含む化合物のうち、一酸化炭素COのように簡単な構造のものを除いたもの、となっています。したがって、炭素を含んでいればほとんどが有機物であり、炭素を含まない有機物はないということになります。

昔は有機物には"ありえない性質"というものがありました。それは伝導性と磁性でした。有機物が電気を通すだとか、有機物が磁石に吸いつくなどといったら、常識を疑われたものです。ところが現在では有機物のプラスチックが電気を通すのは常識です。それどころか有機物の超伝導体もできています。最近では磁性をもつ有機物も開発されています。

機械的強度だってナイフでもハサミでも切れないプラスチックが開発され、現在の防弾チョッキはプラスチック製です。このように最近の有機物は金属の性質を獲得し、金属のテリトリーに進出しつつあります。その有機物が太陽電池の世界に現われたのが有機太陽電池なのです。有機太陽電池には有機薄膜太陽電池と有機色素増感太陽電池の2種類があります。

有機半導体

　有機薄膜というのは、有機物でできた薄い膜のことをいいます。早い話、ペンキの膜です。ですから、薄膜シリコン太陽電池と同じように、有機物を塗り重ねて作った太陽電池というわけです。この場合の有機物はもちろん半導体です。

　つまり有機薄膜太陽電池というのは有機物で作ったn型半導体と同じく有機物で作ったp型半導体を塗り重ねて作った太陽電池ということになります。

　有機物のp型半導体とn型半導体の例を図に示しました。p型半導体には分子量の小さい普通の大きさの例（低分子）と単位分子がたくさん並んだ高分子の例があります。一方、n型半導体はC_{60}フラーレンやカーボンナノチューブの誘導体が多くなっています。

有機物のp型半導体とn型半導体

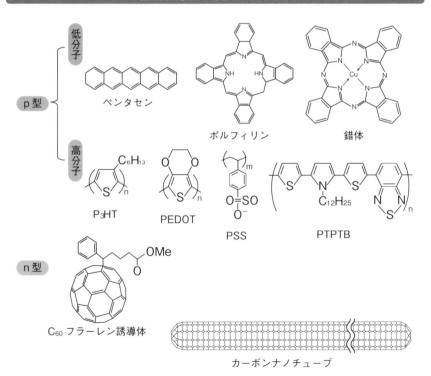

ペンタセン　ポルフィリン　錯体　P_3HT　PEDOT　PSS　PTPTB　C_{60}フラーレン誘導体　カーボンナノチューブ

第8章　次世代型太陽電池

▶▶ 有機薄膜太陽電池の構造

　有機薄膜太陽電池の構造はシリコン太陽電池とほぼ同じです。pin接合型というのはn型半導体とp型半導体の間にi型半導体（真正半導体）を挟んだものです。この場合、i型半導体というのはn型半導体とp型半導体の混合物をいいます。

　バルクヘテロ型太陽電池というのは、高分子系の有機半導体を用いたものになりますが、上で見た両半導体の混合物、すなわち有機i型半導体を電極で挟んだだけです。

▶▶ 有機薄膜太陽電池の特色

　有機薄膜太陽電池には無機系太陽電池にはない特色があります。

・製造が簡単

　上のような構造ですから、有機薄膜太陽電池の作製はいたって簡単です。有機半導体を適当な溶媒に溶いて液体とし、電極の上に塗り、乾いたら次の溶液を塗るということです。印刷もOKです。

・軽くて柔軟

　有機物の特色として、軽くてやわらかというのは絶対的な利点です。やわらかですから、電極にプラスチックを用いれば全体がプラスチックフィルムと同じように曲げることも丸めることも自由です。

・カラフル

　有機物ですからいろいろの色彩をもたせることも自由です。プラスチック製の造花のような太陽電池もできています。部屋に飾って発電します。

・安価

　有機半導体を作るのに特別な装置は必要ありません。普通の有機物合成と同じです。したがって設備投資は少なく、原料も安価です。

・変換効率

　問題は変換効率です。研究室レベルでも10%を超えるのは大変です。現在実用化されているものは5%程度です。今後の研究が待たれます。

・耐久性

　もう1つの問題は耐久性です。これは有機物の宿命ですが、酸・塩基あるいは酸素に対する耐久性に問題があります。屋根の上に置いて酸性雨にさらされたりすると問題が起こる可能性があります。ガラスや硬質プラスチックでコーティングするなどの対策が考えられています。

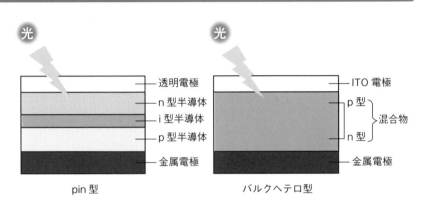

有機薄膜太陽電池の構造

光

- 透明電極
- n 型半導体
- i 型半導体
- p 型半導体
- 金属電極

pin 型

光

- ITO 電極
- p 型 ┐
- n 型 ┘ 混合物
- 金属電極

バルクヘテロ型

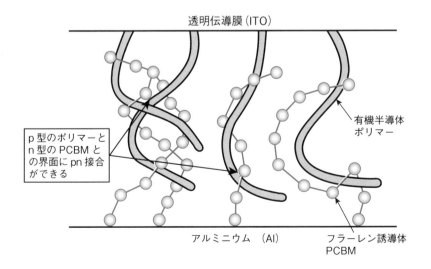

バルクヘテロ型のpn接合

透明伝導膜（ITO）

p 型のポリマーと n 型の PCBM との界面に pn 接合ができる

有機半導体ポリマー

アルミニウム（Al）

フラーレン誘導体 PCBM

有機色素増感太陽電池

20世紀後半に突如登場したのが有機色素増感太陽電池です。その原理は少々複雑ですが、有望な次世代電池候補として、急速に開発・商品化が進んでいます。

有機色素増感太陽電池は1991年にスイスの科学者マイケル・グレッツェル博士が発明したもので、あるとき突然発表されました。この電池は電子的に非常に興味深い内容をもっているため、多くの科学者がその改良に取り組みました。しかし残念ながら大きな発展はありませんでした。これはグレッツェル博士が発表したモデル電池がすでにほとんど完成形に近いものだったということを指すものであり、今さらながらグレッツェル博士の天才ぶりに驚くばかりです。

▶▶ 電池の名前の意味

(有機色素)(増感)(太陽電池)の原理は少々複雑ですが、簡単に見てみましょう。まず、名前の意味を明らかにしておきましょう。

"有機色素"ですが、これは普通の意味での色素です。すなわちこの電池は有機半導体ではなく「有機物の色素」を用いる電池なのです。次に"増感"です。これはそのものずばり、「感度を増す、感度を高める」ことを意味します。

有機色素増感太陽電池の例

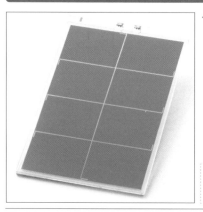

▶リコーの固体型色素増感太陽電池モジュール

リコーが2020年2月から世界に先駆けて販売を開始した固体型色素増感太陽電池モジュール「RICOH EH DSSCシリーズ」(出典:リコープレスリリース)

　すなわち、「普通の状態では感度が低くて電池としての作用など期待できないもの」を、「有機色素で感度を高めてやる」ことで電池として作用させるという意味なのです。

▶▶ 構造

　この電池は基本的に溶液を用いた電池、湿式電池です。したがって先に見た化学電池と同じように電解液と電極からできています。電解液はヨウ素I₂の水溶液です。
　陽極は白金Ptです。変わっているのは負極です。光を通すため透明電極になっていますが、ここに酸化チタンTiO₂の微粒子に有機色素を吸着させた微粒子が固定してあります。

有機色素増感太陽電池の構造

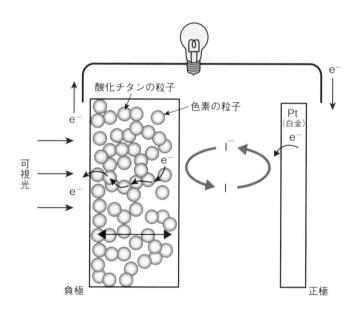

▶▶ 起電原理

　酸化チタンは光触媒としてよく知られています。すなわち、エネルギーの低い普通状態（基底状態）の酸化チタンは、紫外線を吸収して高エネルギー状態（励起状態）になり、酸素や水を分解して活性酸素などを作り、それによって細菌や匂い分子を破壊するという働きがあります。このように光によって化学活動を活発にしたり、新しい働きをしたりすることを増感作用といいます。

●酸化チタンの励起状態

　有機分子増感太陽電池の基本原理は、酸化チタンを光エネルギーで励起状態にし、その状態で電子を外部回路に導いて電流にするというものです。このアイデアは、np接合状態のシリコンを励起状態にして電子を外部回路に送りだすという普通の太陽電池と基本的に同じです。

　問題は酸化チタンを励起するのに要するエネルギーです。酸化チタンは紫外線で励起されます。先に見たように、紫外線は可視光線より高エネルギーです。つまり、酸化チタンは太陽電池が利用しようという可視光線のエネルギーでは励起されないのです。

●増感剤

　ここで一肌脱ぐのが増感剤の有機色素です。有機色素はその名前のとおり色素ですから可視光線を吸収して励起状態になりますが、この励起状態は酸化チタンの励起状態より高エネルギーなのです。なぜ、そのようなことが起きるのかというと、色素の基底状態は二酸化チタンの基底状態より高エネルギーなのです。そのため、二酸化チタンより小さい励起エネルギーで、より高エネルギーの励起状態になることができるのです。

　この有機色素の高エネルギー励起状態の電子が酸化チタンの励起状態に移動し、そのために酸化チタンが小さい励起エネルギーで高エネルギーの励起状態になることができるのです。これが増感の意味です。

●電流

　励起状態の二酸化チタンから発生した電子は負極の透明電極から外部回路にでて、陽極に達してからは電解質のヨウ素を経由してもとの有機色素に戻る、というわけです。

　変換効率は低く、たかだか10%程度です。色素としては図のようなものが開発されています。色素には純粋の有機物色素のほか、一般に錯体と呼ばれる、金属を含む有機物もあります。

有機色素増感太陽電池のエネルギー移動

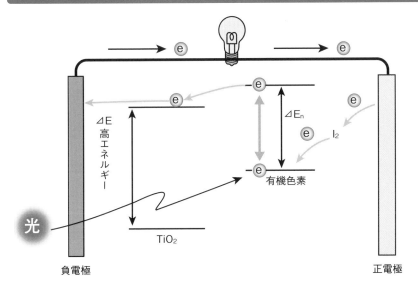

開発中の色素

メロシアニン

オキサジン

ペロブスカイト太陽電池

日本発の技術であり、次世代電池の最有力候補として、現在、官民挙げて開発・
商品化に力を入れているのがペロブスカイト太陽電池です。

ペロブスカイトは、結晶構造の一種です。チタン酸バリウム（$BaTiO_3$）など
RMO_3の3元系から成る遷移金属酸化物などが、この結晶構造をとります。地球内
部の主要な化学組成である$MgSiO_3$は、地下約660kmから約2,700kmのマント
ル下部で、ペロブスカイト構造をとるものと考えられています。

ペロブスカイト太陽電池はペロブスカイト結晶を用いた太陽電池であり、色素増
感太陽電池の一種と考えることができます。ペロブスカイト太陽電池では、従来の
色素の代わりにペロブスカイト材料を用い、正孔（ホール）輸送材料としてのヨウ
素溶液の代わりに、スピロOMeTADなどを使用します。

▶▶ ペロブスカイト半導体

ペロブスカイト化合物の多くはほとんど電気伝導性を示しませんが、ヨウ化スズ
系は不純物ドーピング（添加）によって高伝導性を示すことが知られています。

ハロゲン化鉛系半導体（$CH_3NH_3PbI_3$）は、2009年に初めて太陽電池材料とし
て報告された材料で、2016年には最大21.0％の変換効率が報告されています。
この太陽電池は既存の印刷技術によって製造できるため、低価格化が期待されま
す。また、太陽電池以外にも発光ダイオード、半導体レーザーとしての用途も可能
性が見いだされており、今後の研究の進展が期待されます。

印刷技術によって製造できるため、光の三原色R（赤）G（緑）B（青）各色のペロブ
スカイト半導体材料をインクジェットなどで基板上に塗布すれば、カラーフィルタ
が不要でかつ柔軟性のある大面積のディスプレイが製造可能になると考えられま
す。

ペロブスカイト太陽電池

　2009年にハロゲン化鉛系ペロブスカイトを利用した太陽電池が桐蔭横浜大学の小島陽広博士（当時は大学院生）や宮坂 力 教授らによって発明されました。この電池は有機色素増感太陽電池の変形と見ることができます。

　有機色素増感太陽電池はヨウ素水溶液を用いた湿式電池でしたが、ペロブスカイト太陽電池ではこのヨウ素水溶液および増感用の有機色素をペロブスカイト結晶で代用しています。

　2009年のエネルギー変換効率は$CH_3NH_3PbI_3$を用いたものでは3.9%でしたが、近年変換効率が急速に高まり、低コスト製造できるため将来的な商用太陽電池として注目されています。

　2021年9月、東芝はフィルム型のペロブスカイト太陽電池で独自の成膜技術を開発し、フィルム型では世界最高のエネルギー変換効率15.1%を達成し、シリコン型太陽電池並みの変換効率を実現しています。同社は2025年までに、変換効率が20%以上、受光部の面積9平方メートルの製品の実用化を目標に掲げており、発電コストは1kWh20円以下を目指すとしています。また基板にインクを塗る速度も、量産化に必要とされる毎分6mを確保したそうです。

ペロブスカイト構造

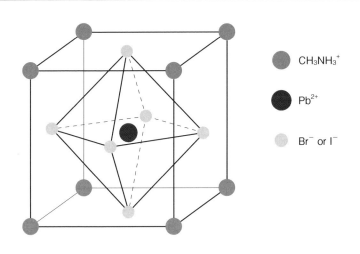

$CH_3NH_3{}^+$

Pb^{2+}

Br^- or I^-

　世界で開発中のペロブスカイト型太陽電池ですが、軽量で柔軟性があるため、これまで太陽光発電に欠かせなかった広い敷地だけでなく、オフィスビルの壁や曲面など、これまで設置が難しかったところにも使用できます。

▶▶ 実用化

　ペロブスカイト型は薄いガラスやプラスチックの基板上に液体を塗り、焼いて作ります。液体を塗るのは印刷技術を使うため従来の太陽電池の半額で製造できます。普及すれば世界の再生可能エネルギーの割合が高まる可能性があります。

　宇宙空間では太陽光発電が唯一無二の日照中の実用的なエネルギー源であり、ほぼすべての宇宙機器に太陽電池が搭載されていますが、ペロブスカイト型は太陽電池の最大の劣化要因である放射線に対しきわめて高い耐性を有しています。

　一般的な探査機や人工衛星は3接合型（タンデム型）化合物太陽電池を使用していますが、こちらは変換効率が約30%と高く、ペロブスカイト型を上回っています。しかし3接合型よりペロブスカイト型がコスト面と放射能耐久性において上回っています。今後、研究開発が進み、高い変換効率と熱や光に対する耐久性を有し、高い放射線耐性を兼ね備えた低コストのフレキシブルペロブスカイト型が開発できれば、より過酷な環境下でも宇宙探査できることになると期待されています。

ペロブスカイト太陽電池の構造

透明導電膜（負極）　金属酸化物層　ペロブスカイト　正孔輸送層　金属電極（正極）

ペロブスカイト太陽電池の実証実験例

▼KDDIの実証実験

CIGS
太陽電池

ペロブス
カイト
太陽電池

CIGS
太陽電池

東KDDI、KDDI総合研究所、エネコートテクノロジーズは2024年2月から、群馬県大泉町の基地局でペロブスカイト太陽電池を使用したサステナブル基地局の実証実験を開始した。約1年間にわたってその効果を確認するという

◀東京都とリコーの実証実験

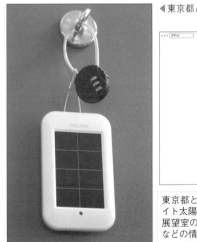

RICOH

温度 Temperature	湿度 Humidity	照度 Illuminance	二酸化炭素濃度 CO2
20.2 ℃	52.8 %	1042 lx	930 ppm

 リコー ペロブスカイト太陽電池搭載
環境センサー
取得データ表示中

東京都とリコーは2024年3月から都庁南展望室で、ペロブスカイト太陽電池の実証実験を行っている。同年4月の撮影時には南展望室の3カ所に設置されており、リコーのサイトで温度や湿度などの情報を確認することができた

COLUMN

ペロブスカイト太陽電池とヨウ素

21世紀が始まったころ太陽光パネルのシェアは、日本がダントツの1位を誇っていました。2位はアメリカ、3位はドイツとなっていましたが、2004年ぐらいから中国が急成長を見せ、あっという間にアメリカを追い抜き、2007年ごろにはドイツ、そして日本を追い抜きます（米EPI：Earth Policy Instituteのデータより）。米SPV Market Researchが2023年に公開したデータによると、メーカー別世界シェアでも中国企業が独占しており、トップ5社のシェアは過半数を超えています。10位内に日本の企業が1社も入っていないどころか、10社中9社までが中国企業なのです。

こうした危機的状況もあり、2009年に小島陽広博士（発明当時は大学院生）と桐蔭横浜大学の宮坂力教授らが発明したペロブスカイト太陽電池に、政府や多くの企業が大きな期待をかけています。

2023年9月に経済産業省は、当初目標としていた。2030年の社会実装を前倒しするために、従来の予算から150億円を積み増しし、648億円をあてました（グリーンイノベーション基金の一環として）。これはペロブスカイト太陽電池が日本発の技術で、主原料が日本で産出でき、日本企業が長年つちかってきた製造技術を活かすことができることが大きな理由です。

ヨウ素の代表的な用途

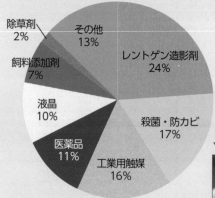

- 除草剤 2%
- その他 13%
- レントゲン造影剤 24%
- 飼料添加剤 7%
- 殺菌・防カビ 17%
- 液晶 10%
- 医薬品 11%
- 工業用触媒 16%

▼ヨウ素を多く含む昆布

上のグラフはヨウ素の代表的な用途（出典：天然ガス鉱業会Web）。またヨウ素は人体に不可欠な栄養素だが、日本人のほとんどは昆布やひじきなどから必要量を接種しているので問題ない

ペロブスカイト太陽電池の主原料は、ヨウ素（I）、ヨウ化鉛、メチルアンモニウムなどで、特に発電層に用いるヨウ素は世界最大の埋蔵量を誇ります。「ヨウ素なんてどこにあるの？」と疑問に思う方はいるかもしれませんが、ヨウ素は身近に存在します。日本は海に囲まれた海洋国家ですが、海の中の堆積物（海洋堆積物）に大量のヨウ素が蓄積されているのです。特に千葉県の外房は国内最大級の天然ガス鉱床が広がっており、そこにヨウ素濃度の高い「地下かん水（太古の海水）」が大量に埋蔵されています。この地下かん水のヨウ素濃度は通常の海水の約2,000倍にもなるそうで、このため千葉県だけで世界の約4分の1にあたるヨウ素が生産されているのです。天然資源が乏しいといわれがちな日本で、ペロブスカイト太陽電池の推進にあたり、これほど頼もしい存在はありません。

なおヨウ素は人体に不可欠な栄養素でもありますが、過剰摂取すると甲状腺機能が低下するなどの症状を起こす場合があります。「昆布の食べすぎはよくない！」といわれるのは、昆布がヨウ素を特に多く含む海藻であるためです。

2023年以降、政府ならびに関連企業などがペロブスカイト太陽電池の実証実験や普及に向けた啓蒙活動を積極的に行うようになりました。機会があればぜひ、実物を見ていただけたらと思います。

ペロブスカイト太陽電池の啓蒙活動

▼ペロブスカイト太陽電池の環境出前授業

令和5年度に桐蔭学園で試行実施された、ペロブスカイト太陽電池を用いた環境出前授業の様子。ペロブスカイト太陽電池が発電した電力で鉄道模型を走らせるデモンストレーションなども行われた（出典：桐蔭学園プレスリリース）

次世代太陽電池の大本命、ペロブスカイト太陽電池の未来について、発明者・宮坂力教授が語る！

Q ペロブスカイト太陽電池の特徴や、ペロブスカイト太陽電池がシリコン系太陽電池に対して優れている点を教えてください。

　まず性能的には、そこに光があるかぎりかならず発電するということです。シリコン太陽電池は、今日（取材当日は曇り）みたいな日は、ほとんど発電しません。ところがペロブスカイト太陽電池であれば、光が弱いところ、たとえば自然光がほとんど届かない部屋の中でも、照明の光さえあれば発電してくれます。

　コストが安いというのも大きな特徴の1つです。現在試作しているものはまだシリコンパネルより高価ですが、将来的には半額ぐらいになる可能性があるとみています。また太陽電池1つあたりの出力電圧が高いのも特徴の1つです。シリコン太陽電池がだいたい0.7Vなのに対して、ペロブスカイト太陽電池は1.1V以上になります。

　世間一般でよくいわれている、非常に薄くて軽くて曲げられるという特徴ですが、これはペロブスカイト太陽電池にかぎらず、薄型薄膜太陽電池は全部そうです。ただシリコン太陽電池は片方からしか光を当てることができないためシースルー型にはできませんが、ペロブスカイト太陽電池は両方から光を当てることができます。

　原料的にもペロブスカイト太陽電池であれば、ほぼ国内で自給自足することができます。ペロブスカイト太陽電池ではヨウ素がもっとも重要な原料となっていて、スズや鉛の約3倍使うのですが、日本はヨウ素の世界第2位の生産国ですので、原

料的な心配をする必要がありません（※
補足：日本は世界生産量の約３割を占め
ています）。

　さらに付加価値としては、宇宙空間で
ペロブスカイト太陽電池を使ったとき
に、放射線によるダメージを受けにくい
ということがあります。このことは我々
のグループが世界に先駆けて論文を提出
したのですが、その後、アメリカや中国、
ヨーロッパでも論文がでて、そのすべて
で結果が再現されています。宇宙の放射
線というのはおもに電子線と陽子線です
が、この両方を受けてもシリコン太陽電
池と比べてダメージが非常に少ないと。

　あとシリコン太陽電池は１色でしか作
ることができませんが、ペロブスカイト
太陽電池はいろいろな色に、すなわちカ

ペロブスカイト太陽電池の発明者

▼宮坂力教授

試作したペロブスカイト太陽電池をもつ宮坂力
教授。実験室で作る小型のセルの変換効率は最
大26.1％に届いているが、生産工程では性能の
ムラが生じるため、平均化すると15％くらいに
なってしまうという。耐久性・耐熱性とのバラ
ンスをとりつつ、いかに変換効率を高めていく
かが今後の課題となっている
（取材日：2024年4月24日、桐蔭横浜大学にて）

ラフルに作ることができます。肌色、オレンジ（橙色）、ブラウン（茶色）……おもに
暖色系ですが、これらの色から選ぶことができるので、作られたものが非常にデザ
イン性が豊富になります。

　ペロブスカイト半導体自体もインクジェットプリンターを使って作ることができ
ますし、塗布工程といってインクを塗って乾かすことによっても作ることができま
す。これに対してシリコンインゴットは千何百度という温度で数時間かけてイン
ゴットを引き上げて機械的にスライスする必要がありますので、コストがどうして
もかかります。それがペロブスカイト半導体であれば塗布するだけですから、たと
えばプラスチックフィルムのロールを用意してそれを搬送しながら表面に印刷して
いくだけですみます。こういう工場での生産工程がシリコン太陽電池と比べて安く
すむのは大きなメリットとなります。

Special Interview

　実はペロブスカイト太陽電池にはまだまだメリットがいっぱいあって、デメリットは非常に少ないんですよ。シリコン太陽電池は広く使われるようになり、数十年前から使っているものもあると思いますが、いよいよ劣化して廃棄する場合が多いんですね。廃棄といっても傷んでいるのはシリコン周辺の架台で、シリコンそのものはまだまだ使える状態のものが多いんです。そこでシリコンを回収してリサイクルしようとするわけですが、これが非常に難しいと聞いています。ところがペロブスカイト太陽電池は特定の洗剤を使って洗えば全部洗い流せてしまうので、リサイクルがとても簡単なんです。よく「ゆりかごから墓場まで」といいますが、墓場の部分、すなわち処理の部分でエネルギーを使わないというのは大きなメリットといえます。

Q どこにでも貼って発電できるのがペロブスカイト太陽電池の強みですが、そのぶん蓄電システムが複雑になるようにも思うのですがいかがでしょうか？　たとえば個人の家の場合、ベランダ、室内、屋根など複数箇所に貼ると、ケーブルの配線問題や蓄電器の複数台設置などの負担が増えるように思うのですが……。

　複雑になるようなことはないと思います。ペロブスカイト太陽電池はどこでも貼って、発電した電気を蓄電池に溜めて持ち歩くこともできるわけですから、ある意味究極の分散型自立型エネルギーであるわけです。自分たちで生産したエネルギーを自分たちで蓄えて、電信柱に戻さないで自分たちで利用する、ということですね。日本ではすでにさまざまな蓄電池が販売されていますから、蓄電システムを作るのにも困りません。

　蓄電するときのメリットですが、ペロブスカイト太陽電池は出力電圧が高いのも魅力の1つです。蓄電にはかならず電圧が必要で、その電圧を確保するために相応の数の電池が必要になるのですが、ペロブスカイト太陽電池を使えばその個数を減らすこともできます。たとえば蓄電池にリチウムイオン電池を使っている場合、リチウムイオン電池の約4.2Vに対しシリコン太陽電池は約0.7Vの電圧しかないので、6個ぐらいつなげる必要がでてきます。これに対しペロブスカイト太陽電池は約1.1Vですから、4個つなげるだけですむわけです。電気的に集約する手間が少な

くなるということですね。直列でつなげる電池の個数が減るわけですから。

　あとシリコン太陽電池だと、光が弱くなると電圧がでなくなるので、蓄電できなくなります。ところがペロブスカイト太陽電池の場合はかならず電圧がでるので、シリコン太陽電池より蓄電が簡単に行えるのもメリットの1つです。

Q ペロブスカイト太陽電池の開発で、優先的に解決すべき技術的な課題はなにがありますか？

　現在見えている解決すべき課題は2つしかなくて、1つは耐久性です。実際に使っているユーザーがいませんので、耐久性に関しては加速試験してシミュレーションする必要があります。シミュレーションの結果として"15年はもつ"ことはわかっていますが、耐久性は長ければ長いほどいいわけですから、さらに伸ばしていく必要があります。

　この具体的な耐久性のターゲットはなにかというと、1つは湿気です。ペロブスカイト太陽電池は湿気に対して弱いので、湿気が絶対に入らないよう封止しなければいけません。もう1つは熱で、現状は150度が限界なんです。これに対してシリコン太陽電池は何百度までもちますので、ペロブスカイト太陽電池はせめて200度以上までもつように上げていく必要はあるかと考えています。湿気に対する安定性、熱に対する耐熱性が技術的な課題です。

　もう1つの解決すべき課題は、現在解決策がないのですが、環境によくない"鉛"をペロブスカイト太陽電池が使っているということです。鉛に代わるものとしてスズは可能性があるのですが、酸化に対して弱いという難点があります。とはいえ鉛をまったくゼロにして別の金属に変えるというのは、まだ現実的ではありません。電卓や時計用など性能があまり高くなくてもよいというのであれば、鉛を使わないペロブスカイト太陽電池も作れるのですが、電力を稼ぐための発電用としては、今は鉛がかならず必要です。ですので課題としては、鉛を安全に使えるようにするインフラを作る必要があります。具体的には、製造メーカーが安全に回収できる仕組みを作ったうえで、ペロブスカイト太陽電池を広く普及させることが重要になってきます。

第8章　スペシャルインタビュー

Q ペロブスカイト太陽電池の社会実装が進むと、将来的には火力発電や原子力発電に頼らなくてもいい社会になる可能性はありますか？

　はい、そのとおりです。メーカーがペロブスカイト太陽電池の大量生産を進め、全国的に各家庭の屋根やベランダ、そして都市部では高層ビルの壁など至るところに設置して発電するようになると、少なくとも都市部では原子力発電2基以上の発電が可能になります。現在日本は火力発電への依存が非常に高くて、これをなくすことができるかは簡単ではないのですが、少なくとも原子力発電だけは頼らなくてもよい社会になるはずです。

Q 現在の太陽電池同様、量産化では中国をはじめとする新興国に追いやられる危惧もありますが、その点はどうでしょうか？　日本の企業が開発・量産化のうえで特に意識すべきことはありますか？

　中国ではペロブスカイト太陽電池の事情に関わってみようと手を上げている企業が40社近くあるのに対し、日本では目立つところでは数社しかありません。ただ実際に中国企業で開発・生産・商品化に取り組んでいる中国企業は数えるほどしかなく、パネルをどこかから買ってきて商品化、もしくは卸すということを考えている中国企業が大半であるのが実情です。中国では10年以上もペロブスカイト太陽電池の開発を行ってきましたが、商品化にまでたどりついたところは1社もないのです。特許に関しても、日本の企業のほうがより強いレベルの特許を獲得しています。
　量産化技術に関してですが、ペロブスカイト太陽電池を作るには原料の液を塗って、それを乾かすという塗布工程が必要になってきますが、この塗布工程は非常に繊細で、乾燥の方法や厚み、ムラなどを細かく制御する必要がでてきます。この化学の工程では非常に特殊なノウハウとレシピが必要になり、これに関する日本の企業の技術はきわめて高いのです。温度や湿度などの調整、いってみればめんどくさい部分を細かく調整する技術を日本の企業がもっていて、それがペロブスカイト太陽電池の製造でもきわめて重要になっているので、ものづくりの点においても日本がトップに立てる、と考えています。

その他の次世代電池

次世代を担おうという新しい電池はいくつもあります。本書で取り上げたものだけでもナトリウムイオン二次電池、太陽光燃料電池、熱化学電池、バイポーラ型電池などがあります。さらに有機物を用いた有機二次電池もあります。これらの電池は今後どのように成長していくのでしょうか？　楽しみなことです。

9-1

ナトリウムイオン二次電池

ナトリウムイオン二次電池はナトリウムイオンが電気伝導を担う二次電池です。
正極にナトリウム酸化物を用い、負極にグラファイトなどの炭素材を用います。

リチウムLiはレアメタルの一種であり、資源量が少ないのですが、特に日本では
ほとんど産出しません。すべて輸入に頼っています。ところが1990年代にリチ
ウムイオン二次電池が実用化されて以降、この電池の需要は飛躍的に増大し、リチウ
ム資源のひっ迫が懸念されることになりました。そのため、リチウムに代わって地
球上に豊富に存在するナトリウムNaを用いたバッテリーが注目されるようになっ
ています。

▶▶ 動作原理・構造

ナトリウムイオン二次電池の動作原理やセル構造は、リチウムイオン二次電池と
同様です。ナトリウムの層状化合物を正極とし、電解液と正極の間でナトリウムイ
オンが移動することによって充放電が行われます。原理的には、リチウムイオン二
次電池のリチウムイオンをナトリウムイオンに置き換えたものですが、物理的およ
び電気化学的特性は異なるので、使用する材質も変わってきます。

ナトリウムイオン二次電池の展開例

▼日本電気硝子の全固体ナトリウムイオン二次電池

日本電気硝子は2024
年2月に東京ビッグサ
イトで開催された「第
16回国際二次電池展」
に全固体ナトリウムイ
オン二次電池を出典。
大勢の来場者の関心を
集めていた

●正極材料

2011年以降、エネルギー密度の高いナトリウムイオン正極の開発が大きく進展しました。ナトリウム層状化合物は遷移金属酸化物であり、多くの種類が候補として挙げられますが、価格の面を考慮してニッケルNiやマンガンMn、鉄を用いた化合物 ($NaNi_{0.5}Mn_{0.5}O_2$) などが考えられています。

●負極材料

リチウムイオン二次電池で多用されるグラファイトは、ナトリウムイオンを大量貯蔵できないため、ナトリウム電池では使用できません。代わりに、グラファイトのアモルファス同素体であるハードカーボンが有力視されています。

●電解液

ナトリウムは激しい反応性をもちます。特に水とは激しく反応し、可燃性の気体である水素ガスを発生し、それに反応熱が作用して爆発します。そのため、ナトリウムを扱う系に水を近づけることは厳禁です。さらに水系ではエネルギー密度が低くなるため、ナトリウム電池では水系ではなく、有機系の非水系電解質を用います。リチウムイオン二次電池の場合と同様に、炭酸ジメチル、炭酸エチレン、炭酸プロピレンなどが考えられます。

●固体電解質

リチウムイオン二次電池がその発火性のために全固体化を計画しているように、ナトリウムイオン二次電池でも電解質を固体化した全固体電池が有望です。そのための固体電解質としては、ナトリウムをベースとした無機塩が考えられます。$NaPF_6$やNaTFSAなどが有力視されています。またバインダーやセパレータにはポリフッ化ビニリデン (PVdF) などの高分子材料、集電体や外装にはアルミなどの非鉄金属が想定されています。

●製造工程

活性の高いナトリウムの反応を抑えるため、生産工程には−80℃以下のグローブボックスが必要とされ、設備上の課題が指摘されています。

第9章　その他の次世代電池

▶▶ 想定される用途

　ナトリウムイオン二次電池は低コストで作成が可能というメリットから、大型電池に適しています。電気自動車、風力、太陽光発電などの再生可能エネルギーの蓄電、余剰電力の蓄電など、スマートグリッド社会における重要なインフラとなる可能性をもっています。

　実用化としては2021年、電池メーカーである中国のCATLが、ナトリウムイオン電池（NIB）の商用化を開始すると発表しました。開発した第1世代のNIBセルの重量エネルギー密度は160Wh/kgであり、リチウムイオン電池（LIB）が同240～270Wh/kg、CATLの主力製品であるリン酸鉄（LFP）系LIBが同180～200Wh/kgと比べて、かなり低い値となっています。しかし、急速充放電性能は一般的なLIBより高く、15分で80％以上を充電できるといいます。加えて、－20℃の低温環境でも定格容量の90％を利用できるといい、さらにはたとえ－40℃といった極寒の環境でも電池として動作するとしています。

ナトリウムイオン二次電池の試作例

▼単3電池サイズの試作例

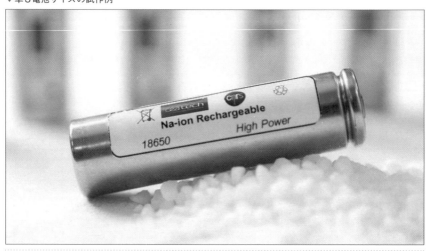

2015年にはすでに、フランスの国立科学研究センターが単3形サイズのナトリウムイオン二次電池の開発に成功したとアナウンスしている。現在の単3電池同様、気軽に使える日がくるのもそう遠くないかもしれない（出典：CNRS）

ナトリウムイオン二次電池の商品例

◀中国製ナトリウムイオン二次電池

中国の山西華鈉芯能科技が2023年から生産を開始しているナトリウムイオン電池（クレジット：新華社／共同通信イメージズ）

▼ナトリウムイオン二次電池搭載バイク

中国の華陽新材料科技集団と江蘇新日電動車が2023年8月に世界に先駆けて商用化したナトリウムイオン二次電池搭載電動二輪車（クレジット：新華社／共同通信イメージズ）

第9章　その他の次世代電池

9-2

有機二次電池

有機物を使った有機二次電池は、開発が進めば世界を変えるかもしれません。リチウムを使わないため、資源が乏しい国でも商品化が容易になるからです。

以前は、有機物というと植物や動物など、生物関係の物質が連想され、やわらかくて水分を含み、電気や磁気とは無関係、という印象でした。しかし、20世紀後半になると、有機物のこのようなイメージは一新されました。有機物のはずの高分子のなかには、ナイフでもハサミでも切れないほど丈夫であり、防弾チョッキに使われるものが登場しました。

そればかりではありません、伝導性高分子のように電気を通す有機物はもちろん、有機超伝導体、有機磁性体、有機半導体などが開発され、有機物は電気、磁気の世界になだれこみました。今や有機物は金属に置き換わろうとしています。電池の分野でも先に見たように有機太陽電池として進出し、すでに実用化されています。ここでご紹介しようというのは有機物を使った二次電池、有機二次電池です。

▶▶ 有機物の電子授受

二次電池の材料になる基本的な資質は電子の授受ができるものということです。たとえばリチウム二次電池ではリチウム原子Liが電子を放出してリチウムイオンLi^+になり、Li^+が電子を受け取ってLiに戻るという電子授受反応（酸化還元反応）で放電と充電反応を行い、二次電池としての機能を果たしています。

$$Li \quad \rightleftarrows \quad Li^+ + e^- \quad (\rightarrow:放電、\leftarrow:充電)$$

同じことは有機物（Organic Compounds）でも可能です。電気的に中性の有機物Oが電子を放出すれば陽イオンO^+となり、O^+が電子を受け取ればOに戻ります。リチウムと同じことです。

$$O \quad \rightleftarrows \quad O^+ + e^- \quad (\rightarrow:放電、\leftarrow:充電)$$

あるいはOが電子を受け取れば陰イオンO^-になり、O^-が電子を放出すればOになります。

$$O^- \rightleftarrows O+e^- \quad (\rightarrow：放電、\leftarrow：充電)$$

そのうえ有機物は容易に複数価（n価）のイオンO^{n+}、O^{n-}を作ることもできます。これを利用したら大容量の電池も可能になります。

▶▶ 有機ラジカル

原理的にはこのとおりなのですが、中性の有機物はなかなか電子授受反応を起こしません。つまり、抵抗が大きすぎて電池になりにくいのです。そこで注目されたのが、電気的に中性でありながら、不対電子をもつラジカルという分子（種）です。

R_2、すなわちR－Rという分子を考えてみましょう。2個のRを結合させている"－"は結合を表す記号ですが、実質は2個の電子に相当しています。そこで、この2個の電子を両方のRが分け合うようにして分裂するとR・になります。

$$R-R \quad \rightarrow \quad 2R・$$

有機二次電池の試作例

◀ラミネート有機二次電池の試作品

2020年3月にソフトバンクと国立研究開発法人産業技術総合研究所が共同研究を発表した際に公開されたラミネート有機二次電池の試作品（出典：ソフトバンク先端技術研究所リリース）

第9章　その他の次世代電池

　R・の"・"は1個の電子を表します。この電子はラジカル電子と呼ばれ、ラジカル電子をもつ分子種（分子のようなものという意味）を一般にラジカルといいます。ラジカルは不安定で、不対電子を放出して陽イオンR^+になるか、もう1個のラジカル電子を受け取って陰イオンR^-になるかします。

$$R\cdot\ \rightleftarrows\ R^+ + e^-\quad（\rightarrow：放電、\leftarrow：充電）$$
$$R^-\ \rightleftarrows\ R\cdot + e^-\quad（\rightarrow：放電、\leftarrow：充電）$$

　この反応ならば抵抗が低いので電池反応としてはうってつけです。しかし問題はラジカルR・が一般にものすごく不安定で、安定な物質として取りだすことは不可能、ということです。ところが研究の結果、非常に安定なラジカルを作りだすことに成功しました。ニトロキシルラジカルといわれるものです。

▶▶ 高分子化

　しかし、ニトロキシルラジカルそのものでは電解液などの溶媒に溶けてしまいます。そのため、溶解しないようにラジカルを高分子化（プラスチック化）する研究に着手し、この課題もまた見事に成功しました。現在、このような材料を使って実際の有機二次電池の性能試験をしているところです。すでにリチウムイオン二次電池に比肩する性能が得られているといいます。

　しかし、問題はやはり有機物の脆弱性です。有機物には酸化、分解、燃焼の可能性、危険性がついてまわります。複雑な構造の有機物ほどその可能性は高いといえます。有機太陽電池や有機ELでは有機物をガラスや硬質プラスチックでコーティングすることでしのぎました。しかし、激しく酸化・還元反応が繰り返される電池でそのような防御策が可能かどうかは検討してみなければわかりません。

　リチウムはレアメタルであり、世界総生産量の80％をオーストラリア、チリ、アルゼンチンの3カ国が占めています。日本では産出しません。このようなリチウムを使わずに、リチウムイオン電池と同等の性能をもつ電池が開発できたとしたら、日本だけでなく、世界にとってこのうえない朗報です。研究の順調な発展を待ちたいものです。

9-3

太陽光燃料電池

太陽光燃料電池は、太陽電池と水素燃料電池を組み合わせた電池です。電池というより、電池システムとしてとらえたほうがわかりやすいかもしれません。

太陽光燃料電池は名前から想像できるように、「太陽電池」と「燃料電池」を合体させたような電池です。原理は、太陽光エネルギーで水を分解して水素を作り、その水素を燃料として水素燃料電池を稼働させるということです。したがって、せんじ詰めれば太陽光による水の分解ということです。

太陽光燃料電池の発電施設例

▼パナソニックの「H2 KIBOU FIELD」

2022年4月からパナソニックが滋賀県草津で稼働させている、純水素型燃料電池を活用した実証施設「H2 KIBOU FIELD」。5kW純水素型燃料電池99台、約570kWの太陽電池を組み合わせた自家発電設備、約1.1MWhのリチウムイオン蓄電池を備えている。右下は純水素型燃料電池の連携制御イメージ
（出典：パナソニックリリース）

▶▶ 水分解光触媒

　太陽光による水の分解は現在の技術でも可能です。つまり、太陽電池で発電し、その電気で水を電気分解すればよいだけです。しかしこのようにして得た水素で発電していたのでは堂々巡りをしているだけで、操作を重ねるごとにエネルギーロスが起こるだけです。

　今回問題になっているのは、太陽光による水の直接分解です。このような場合に登場するのは触媒です。水を適当な触媒に接触させ、その状態で太陽光にさらせば、なにもしなくとも水が勝手に分解して水素と酸素になってくれるというわけです。

　そのような便利な触媒があるのかと思いますが、実は何種類も存在しているのです。おもなものだけでも、「ロジウムドープ・チタン酸ストロンチウム ($SrTiO_3:Rh$)」、「ニオブ酸水素鉛 ($HPb_2Nb_3O_{10}$)」、「ニオブ酸スズ ($SnNb_2O$)」、「タンタル酸インジウムニッケル ($In_{0.9}Ni_{0.1}TaO_4$)」、「酸窒化タンタル ($TaON$)」、「銅ドープ・タンタル酸ビスマス ($BiTaO4:Cu$)」など、ほかでは聞いたことがないような名前の無機化合物が並んでいます。無機化学の独壇場という感じです。

▶▶ 実用的な触媒開発

　しかし、これらの触媒の多くは、チタン Ti、ニッケル Ni、ニオブ Nb、インジウム In、タンタル Ta、などのレアメタル、あるいは鉛などの毒性重金属を高濃度に含有しています。そのため、製造コストや環境適応性、つまり公害発生の面で問題があります。

　そのようななかで最近、普通のコモンメタルで、しかも毒性の心配もない触媒が開発されました。「四酸化三スズ (Sn_3O_4)」です。スズ Sn はありふれた金属で、日本でも産出します。青銅の原料として長い歴史があり、ハンダの原料でもあり、食器にも使われている金属です。問題は水の分解効率ですが、今後助触媒との組み合わせで効率の向上が見込まれるということで、将来が楽しみというところです。

9-4

熱化学電池（ゼーベック電池）

次世代電池の候補の1つに、ゼーベック効果を利用したゼーベック電池があります。熱化学電池ともいわれるこの電池の原理を見てみましょう。

ゼーベック効果とは、下図のように、ある物質の両端に温度差（ΔT）を与えるとその両端間に電位差（起電力V）が生じる効果です。このゼーベック効果はすべての物質で生じますが、物質によって起電力の大きさが異なります。特に、半導体材料では起電力が大きく、熱電変換材料として盛んに研究が行われています。

この効果を利用した電池をゼーベック電池あるいは熱化学電池といいます。

▶▶ ゼーベック効果

物質を加熱すると、キャリア（負の電荷をもった電子e⁻、あるいは正の電荷をもった正孔h⁺）が発生します。一方、冷却されている端ではキャリアの発生がほとんどないため、キャリア密度のバランスが崩れ、加熱端から冷却端にキャリアが流れることになります。しかし、ある程度のキャリアが冷却端に溜まると、それ以上のキャリアの移動ができなくなります。

ゼーベック効果

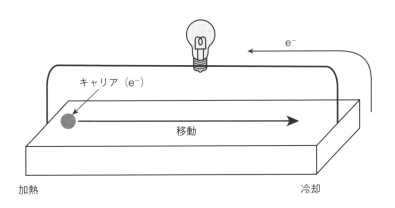

第9章　その他の次世代電池

189

　一方、加熱端においてキャリアが流れでていった跡は、キャリアと反対符号の電荷をもつため、加熱端と冷却端の間に電位差が生じます。これがゼーベック効果です。この状態で加熱端と冷却端を導線でつなぎ負荷を与えると、電力を取りだすことができます。

　このときの電位差をVとして、加熱端と冷却端の温度差をΔTとすると、この2つの間には

$$V = \alpha \Delta T$$

の比例関係があります。ここで、比例定数αはゼーベック係数と呼ばれ、熱電変換特性を表す指標の1つであり、この値が大きいほどよい熱電変換材料となります。

▶▶ 利用

　ほとんどの物質は、キャリアが電子か、あるいは正孔かで分けることができます。キャリアが電子の場合はαは負に、正孔の場合はαが正になり、発生する電位差の符号が逆になるため、キャリアが異なる2種類の材料を交互に直列接続することでより大きな電力を取りだすことができます。

　自然界で高温と低温が共存する環境といえば、火山の内部と山麓、冬の温泉地などがあります。このような場所で雪の積もった戸外と内部の温泉とを結べば、それだけで電気を発生することができます。また、腕時計に組み込めば腕に触れた部分の体温と外側の文字盤側では温度差がありますから発電することができます。このような原理で動く腕時計はすでに実用化されています。

バイポーラ型電池

バイポーラ型電池（Bipolar：双極）はバイ（2個）とポーラ（電極）いうことで、正極と負極の2つの電極をあわせもった構造の電池のことをいいます。

電池が正極と負極をもつのはあたり前のことですが、従来の電池では、正極や負極はそれぞれ独立した電極板として電池を構成していました。しかし、バイポーラ型電池では、1枚の「集電体」の片面に正極、もう一方の面に負極を塗布した電極板を採用しているのです。

▶▶ バイポーラ型電池の構造

図に従来の電池の構造とバイポーラ型電池の構造を並べて示しました。従来型の電池と比べると、電極を構成する集電体を始め、複数のセルを連結するための端子、各セルを区分けする筐体など、必要な部品点数が少なく、よりコンパクトにできていることがわかります。そのため、従来型の電池と同等サイズであれば、バイポーラ型のほうがより多くのセルを搭載することが可能となります。つまり、エネルギー容量、起電力ともに大きくなります。

従来型とバイポーラ型の構造の違い

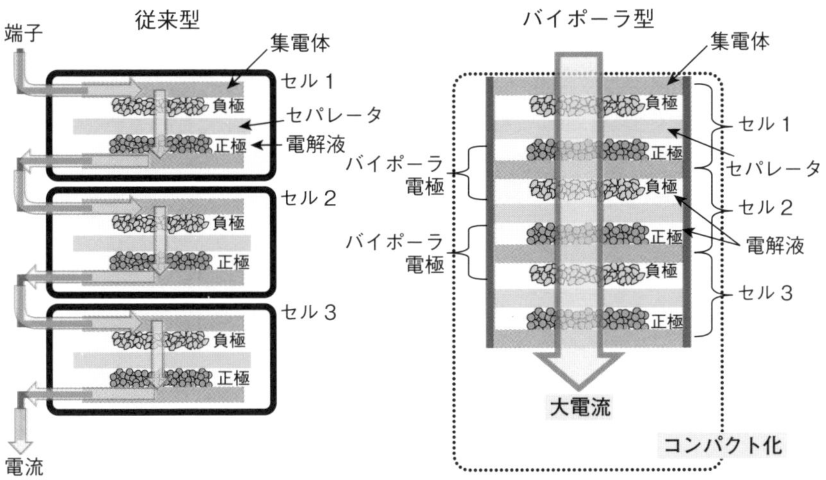

参考：トヨタ自動車サイト

▶▶ バイポーラ型の長所

　バイポーラ型電池の大きなメリットは電池の内部抵抗を低減できることです。従来型の電池が複数のセルを端子で連結しているのに対し、バイポーラ型の電池は内部で複数セルが直列に積み重なった状態と見なすことができます。電気抵抗は通電距離に比例し、面積に反比例するため、電極塗布部の面積分を電流の通過経路とし、最短距離で接続することができるバイポーラ型電池は、電池内の抵抗を大きく低減し、電池出力の向上が可能となります。

▶▶ バイポーラ型電池の問題点

　バイポーラ型電池における最大の課題は「電解液」にあります。バイポーラ型電池はその内部で複数のセルが直列に積み重なった状態となっています。この構造が抵抗低減メリットを生む一方、単純に図のとおりに電池を組み上げると、電池の内部で共通の電解液が複数のセル間にまたがることで、各電極同士がイオン的短絡（ショート）状態になってしまいます。これは正常な電池反応を進行させるうえでも、安全性を担保するうえでも、望ましい状態ではありません。

　これを防ぐには電池内部できっちりとセル間の隔壁を構築し、隣接するセルへ電解液が漏れださないような封止をする必要があります。しかし、あまり複雑かつ繊細な構造にすると、せっかくの部品点数削減というメリットが損なわれてしまいますし、要求される組み立て精度も高くなり、製造難易度が跳ね上がります。

　特に、大きな振動や衝撃が想定される車載用途の電池の場合、繊細な構造による液体密閉性が要求されるのは好ましくありません。なるべくシンプルな構造のまま電解液の密閉性を担保しつつ、電池としての製造品質を安定させるということはやさしいことではありません。そのため、バイポーラ型電池はこれまでニッケル水素電池にかぎらずさまざまな電池系で提案されたのですが、なかなか実用化には至らなかったという背景があります。

▶▶ バイポーラ型電池の用途

　古河電工は古河電池と共同で2020年6月9日、「バイポーラ型鉛蓄電池」を共同開発したと発表しました。これはクルマのバッテリーでもおなじみの鉛蓄電池をバイポーラ型にしたものです。バイポーラ型とすることで、従来の電力貯蔵用鉛蓄電池との比較では、体積エネルギー密度が約1.5倍、重量エネルギー密度が約2倍と向上しています。電池単体のエネルギー密度としてはリチウムイオン電池のほうが高いものの、システム構築時にリチウムイオン電池では必要となる離隔距離が不要なため、設置面積あたりのエネルギー量ではバイポーラ型鉛蓄電池のほうが上回ること、空調や温度管理設備の簡略化が可能なことなどから、電力貯蔵用電池としての活用検討が進められているそうです。2023年4月には、関電工、古河電気工業、古河電池の3社が、バイポーラ型鉛蓄電池の性能確認試験を開始したと発表していますので、社会実装される日も近いかもしれません。

バイポーラ型蓄電池の特徴

種類	バイポーラ型蓄電池	電力貯蔵用リチウムイオン電池	NAS電池	RF電池
エネルギー密度（体積、重量）	○	○	○	△
設置スペース	○	○	○	△
寿命	○	○	○	○
リサイクル性	○	×	×	△
安全性	○	△	△	○
トータルコスト（対揚水発電比較）	○	×	×	×

・単電池のエネルギー密度はリチウムイオン電池のほうが優れているが、接地面積あたりのエネルギー量では、バイポーラ型蓄電池のほうが有利（遠隔距離の規制がない）
・安全性と経済性の面でもバイポーラ型蓄電池が有利で、空調は温度管理設備などもリチウムイオン電池と比べて簡略化が可能

レドックス・フロー電池

まだまだ開発段階ですが、レドックス・フロー電池は、長期間にわたり大容量の電気を蓄えられる電池で、これもまた次世代電池の1つとして期待されています。

普通の電池には稼働部分がありません。起電のために必要な構成要素はすべて最初の電池構造の中に備えられており、それを使い切ったら電池は寿命が尽きたとして廃棄されるか、あるいは二次電池なら充電して再生されます。例外は燃料電池で、これは何回でも再生されますが、その都度燃料を継ぎ足さなければなりません。石油ストーブと同じことです。それにしても起電中は化学変化が起こるのみで、電池の構成要素が動くことはありません。

フロー電池はこのような電池とまったく異なります。この電池では起電するときには液体が流動（フロー）しなければならないのです。そのため、液体を流動するためのポンプが備わっています。つまり、この電池で起電するためには外の電力（外部電力）を使ってポンプを動かす必要があります。例としてレドックス（酸化還元型）・フロー電池を見てみましょう。

▶▶ 原理

レドックス・フロー電池は、液循環型の二次電池であり、一般的には、電解セル、その外部に活物質を含む電解液を蓄えるタンク、およびその電解液を電解セルに流動させるポンプという三部分で構成されています。

この電池は、電解セル内においてイオン交換膜（隔膜）を隔てた両電極上で活物質イオンの酸化還元反応を進行させて充放電を行います。図はヴァナジウムVを用いた例で、電極反応は次のとおりです。

放電時

負極 V^{2+}（2価） → V^{3+}（3価）$+e^-$

正極 VO_2^+（5価）$+2H^+ +e^-$ → VO^{2+}（4価）$+H_2O$

充電時

上式で矢印の向きを逆向きにする

電解液中の活物質が消耗したらタンクに補充すればよいだけですから、電池は半永久的に使うことができます。

▶▶ 特徴

レドックス・フロー電池の特徴としては、出力部 (電解セル) と蓄電容量部 (電解液タンク) が独立しているので、出力/蓄電容量を別々に設計することが可能であること、長寿命であること、および、水系電解液を用いるため火災の可能性がきわめて低く安全性に優れることなどが挙げられます。

このような特徴から、レドックス・フロー電池は大規模電力貯蔵用として活躍することが期待されます。また、ミリ秒オーダーの瞬時応答性を有し、短時間であれば設計定格の数倍の高出力での充放電が可能であるため、太陽電池発電や風力発電など、起電量が天候に左右されやすい再生可能エネルギーの不規則かつ短時間周期での出力変動を吸収するのに適しています。

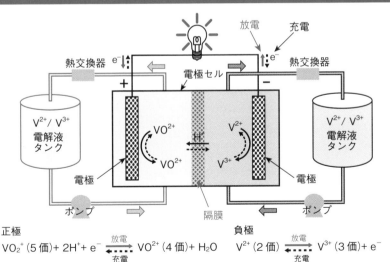

レドックス・フロー電池の構造と動作原理

正極
$$VO_2^+ (5価)+ 2H^+ + e^- \xrightarrow[\text{充電}]{\text{放電}} VO^{2+} (4価)+ H_2O$$

負極
$$V^{2+} (2価) \xrightarrow[\text{充電}]{\text{放電}} V^{3+} (3価)+ e^-$$

参考文献

『進化する電池の仕組み』 箕浦秀樹 SB クリエイティブ（2006）

『燃料電池と水素エネルギー』 槌屋治紀 SB クリエイティブ（2007）

『「電気」のキホン』 菊池正典 SB クリエイティブ（2010）

『全固体電池入門』 高田和典・菅野了次・鈴木耕太 日刊工業新聞社（2019）

『絶対わかる無機化学』 齋藤勝裕 講談社（2003）

『絶対わかる物理化学』 齋藤勝裕 講談社（2003）

『図解雑学 物理化学の仕組み』 齋藤勝裕 ナツメ社（2008）

『よくわかる太陽電池』 齋藤勝裕 日本実業出版社（2009）

『知っておきたい太陽電池の基礎知識』 齋藤勝裕 SB クリエイティブ（2010）

『エネルギーの基礎知識』 齋藤勝裕 SB クリエイティブ（2010）

『知っておきたい電力の疑問100』 齋藤勝裕 SB クリエイティブ（2012）

『マンガでわかる無機化学』 齋藤勝裕 SB クリエイティブ（2014）

『やりなおし高校化学』 齋藤勝裕 筑摩書房（2016）

『人類が手に入れた地球のエネルギー』 齋藤勝裕 シーアンドアール研究所（2018）

『世界を変える電池の科学』 齋藤勝裕 シーアンドアール研究所（2019）

『脱炭素時代を生き抜くための「エネルギー」入門』 齋藤勝裕 実務教育出版（2021）

『新総合化学—ここがポイント』 齋藤勝裕 三共出版（2021）

図解入門
How-nual

索　引
I N D E X

索引

索引

著者紹介

齋藤 勝裕（さいとう かつひろ）

1945年生まれ。1974年、東北大学大学院理学研究科博士課程修了。現在は名古屋工業大学名誉教授。理学博士。専門分野は有機化学、物理化学、光化学、超分子化学。著書は『図解入門よくわかる最新 有機化学の基本と仕組み』『図解入門 よくわかる 最新 物理化学の基本と仕組み』『図解入門よくわかる最新 高分子化学の基本と仕組み』『図解入門よくわかる最新 ディスプレイの基本と仕組み』『ビジュアル「毒」図鑑250種』（秀和システム）など、共著・監修を含め200冊以上。

小宮 紳一（こみや しんいち）

ソフトバンクで20年以上に渡り、IT関連の雑誌編集長やグループ会社の代表・役員を歴任。その後、グローバルマインの代表取締役として、シニアビジネスやサブスクリプションの領域で多くの企業と協働して事業展開し、シニア向けスマートフォンの開発などを行う。おもな著書は、『事例で学ぶサブスクリプション [第2版]』『最新ITトレンドの動向と関連技術がよ〜くわかる本』（秀和システム）など。

●イラスト：箭内祐士

図解入門 よくわかる
最新 次世代電池の基本と仕組み

発行日	2024年 7月 5日	第1版第1刷

著　者　　齋藤　勝裕／小宮　紳一

発行者　　斉藤　和邦
発行所　　株式会社　秀和システム
　　　　　〒135-0016
　　　　　東京都江東区東陽2-4-2　新宮ビル2F
　　　　　Tel 03-6264-3105（販売）Fax 03-6264-3094
印刷所　　三松堂印刷株式会社　　　Printed in Japan

ISBN978-4-7980-7239-5 C0050